ALMANACH
DES
ROSES.

Cet Ouvrage se trouve à Paris,

Chez BELIN fils, Libraire, Quai des Augustins, N.o 55.

Chez

Et chez

ALMANACH

DES

ROSES,

Dédié aux Dames,

Par T. GUERRAPAIN, Propriétaire,

MEMBRE DU COLLÉGE ÉLECTORAL DU DÉPARTEMENT DE L'AUBE.

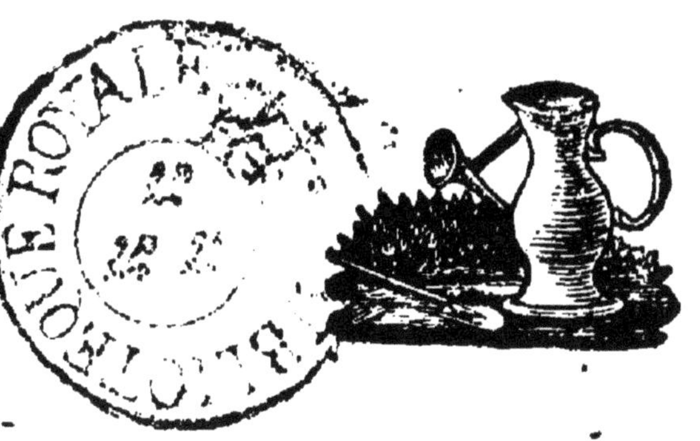

A TROYES,

Chez GOBELET, Imprimeur-Libraire, près l'Hôtel-de-Ville, N.° 206.

1811.

Dédicace.

Mesdames,

Né et élevé à la campagne, forcé de l'habiter et de me livrer par goût et par suite de circonstances à différens genres de culture utiles et agréables, je me suis vu avec étonnement, au déclin de ma carriére, l'ami passionné des Roses et Rosiers.

Frappé de la variété des formes et des couleurs que la Nature a prodiguées à cette partie du régne végétal, j'ai été entraîné à les comparer à votre Sexe. Comme elles sont les reines des fleurs, de même aussi vous êtes les reines et l'ornement de la société : si parfois en les cultivant on est piqué de leur léger aiguillon (1), c'est toujours faute de précaution et d'adresse; de même, si l'hommage qui vous est dû ne vous est pas offert avec assez d'égard et de ménagement, vous savez toujours en punir le coupable sans le blesser.

---

(1) Le Rosier n'a point d'épines, mais seulement des aiguillons qui sont adhérens à son écorce; au lieu que ce qui se nomme épine est adhérent au bois.

Un homme du monde accoutumé à vous dire de jolies choses qu'il ne pense pas, aurait un champ bien vaste pour promener son imagination ; mais l'homme des champs toujours conversant avec la Nature, la trouve toujours vraie, et se fait lui-même une habitude de l'être. Forcé dans la solitude de réfléchir et de comparer, entouré de Roses plus jolies les unes que les autres, il ne trouve d'autre objet qui puisse leur être assimilé que vous, Mesdames.

En donnant ce petit Ouvrage, j'ai fait mes efforts pour vous procurer le moyen de démêler toutes les espéces et variétés de cette charmante fleur, et vous indiquer la maniére de la cultiver. Je ne regretterai pas les momens que j'ai employés, si je peux parvenir à vous procurer quelques jouissances; ne dédaignez pas cet hommage d'un homme qui fut et sera toujours votre ami, parce qu'il sait vous apprécier.

NOTICE
SUR LES ROSIERS.

La fleur des Rosiers est tellement agréable par ses nombreuses espèces, variétés et sous-variétés, que je crois rendre un service essentiel aux amateurs de leur indiquer la manière de les cultiver, et de leur présenter un fil pour se reconnaître dans le dédale de sa nomenclature; elle change, pour ainsi dire, chez tous les Pépiniéristes qui la cultivent et la répandent dans le commerce sous des noms si variés, que souvent j'ai reçu la même espèce sous quatre et cinq dénominations différentes. (*)

Je voudrais tenter de faire éviter cet inconvénient aux personnes qui auraient le désir de se livrer à sa culture, en leur signalant les espèces

---

(*) Je n'ai point l'intention, par cette obsevation, d'attaquer l'honnêteté de MM. les Pépiniéristes de la Capitale. Il n'y a rien d'extraordinaire dans cette variété de nomenclature : sans doute elle provient, dans l'origine, des amateurs et cultivateurs de Rosiers de la ci-devant Belgique et de la Hollande, qui leur ont fourni les belles collections qu'ils ont répandues dans le commerce, et dont les espèces et variétés leur ont été données à eux-mêmes, sous des dénominations variées.

qui sont à ma connaissance, par un développement détaillé du temps de leur floraison, de la forme et couleur de leur bois, de leurs aiguillons, de leur calice, de leurs boutons, de leurs fleurs, et par les nuances, le coloris et le parfum propres à chacune d'elles.

Je les désignerai aussi par tous les différens noms sous lesquels j'ai reçu les espèces variées que je possède.

Je n'essaierai pas de classer les Roses dans la place qu'elles doivent occuper d'après les principes reçus en botanique; j'avoue que cette entreprise est au-dessus des forces d'un simple cultivateur, qui, n'ayant fait aucun cours, n'a pour guide dans son travail que sa propre expérience; il ne peut posséder les lumières et connaissances nécessaires pour cette entreprise. D'un autre côté, il paraît que ce classement n'est pas chose aisée, et que Messieurs les botanistes, eux-mêmes, y trouvent des difficultés.

M. Desfontaines, dans son Tableau de l'Ecole Botanique du Musœum d'Histoire Naturelle, semble n'adopter que deux divisions, l'une à fruits presque ronds, l'autre à fruits ovales; il est à cet égard d'accord avec MM. Dumond de Courset et Linnée. M. Tollard aîné, dans son Traité des végétaux qui composent l'agriculture l'agriculture de l'Empire Français, en adopte quatre :

La première composée des Rosiers dont les calices sont velus et hérissés ;

La deuxième, de ceux dont les calices sont arrondis et glabres ;

La troisième, de ceux dont les calices sont ovales, herissés et velus ;

Les calices ovales et glabres composent la quatrième.

Il en désigne même une cinquième, qu'il fait plus ou moins rentrer dans les divisions ci-dessus.

Nous avons maintenant environ deux cents espèces, variétés et sous-variétés de Rosiers ; la faveur et préférence que la culture de cet arbrisseau semble obtenir sur les autres, ne peut manquer d'en fournir encore de nombreuses par le mélange des poussières fécondantes ;

J'indiquerai même les moyens de propager et multiplier ces variétés.

Je sens parfaitement que ce travail ne peut être qu'incomplet pour le moment, parce que ne possédant pas toutes les espèces, je ne puis les signaler toutes par les caractères particuliers qui peuvent les faire distinguer.

D'un autre côté, il y en a un grand nombre,

dont la nomenclature grossit le catalogue des Pépiniéristes, qui ne méritent d'être cultivées que par ceux qui désirent posséder la collection entière.

Ce travail pourra au surplus se perfectionner par la suite, au moyen de nouvelles Editions ou de Supplémens, qui désigneront les nouvelles espèces dignes de fixer les regards des amateurs et de figurer dans les jardins.

Cet arbrisseau était pour ainsi dire négligé, peut-être parce qu'il est trop commun; on le rencontre dans le verger des chaumières comme dans le parc des souverains.

La fleur de la Rose orne le sein de la bergère comme celui de la princesse, celui de l'innocence comme celui de la coquetterie : elle est aussi variée dans ses formes et dans ses couleurs, que la femme dans ses beautés et dans ses grâces.

Une collection de Roses au moment de la floraison, peut être comparée à une réunion de jeunes personnes parées des charmes de leur âge.

On rencontre dans ces deux réunions la fraîcheur du coloris, l'élégance des formes et de la taille.

On y trouve des beautés régulières qui plaisent à tout le monde, telles sont les Cent Feuilles, les Mousseuses, les Uniques.

Des beautés mâles, qui vous forcent à un certain respect mêlé d'admiration, telles sont les Pourprées, les Veloutées et autres à couleurs tranchantes.

On y rencontre des beautés de fantaisie, j'oserais presque dire de caprice, recherchées pour leur singularité, pour l'amabilité d'une foule d'agrémens de détail qui plaisent sans que l'on puisse en donner de motif, telles sont les Roses Junon, Agathe, Bipennée, Renoncule et Œillet.

Des beautés fraîches, fines, délicates, que l'on craint pour ainsi dire d'approcher, dans la crainte de les ternir, telles sont les Uniques Carnées, les Royales, ou Nymphes Emues.

On y découvre des beautés modestes cachées dans la foule des autres qui paraissent éclipsées et écrasées par la pompe de leurs rivales, néanmoins les yeux se reposent sur elles avec plaisir et complaisance, tels sont les Pompons, les Bordeaux ou Rosier des Dames, et les Bengales.

Enfin, des beautés éclatantes qui, au premier coup-d'œil, semblent nées pour fixer tous les regards, attirer tous les hommages et éclipser toutes leurs compagnes, telles sont les Bicolor, les Panachées, les Portlandica, les Hessoises, les Lucida et autres.

Ces dernières, quoique ne pouvant soutenir un examen détaillé dans leurs agrémens, ne sont pas pour cela à dédaigner, leur éclat doit au contraire les faire rechercher pour la décoration des jardins ; elles y font un grand effet.

On pourrait pousser cette comparaison des Roses et des femmes, même jusqu'aux qualités morales ; car on trouve dans certaines espèces l'amabilité et la modestie qui font le plus bel apanage du sexe. Les Provins, par exemple, employées sous la forme de confitures sèches, appellées conserves, pour ranimer l'activité des estomacs affaiblis et les fortifier, nous fournissent un exemple frappant de l'amour maternel.

Cette espèce de Rosiers s'épuise à donner de nombreux rejettons destinés à leur survivre aux dépens de leur propre existence : dans le fait, cette existence est de bien courte durée ; si l'on n'enlève et retranche ces nouveaux nés à mesure qu'ils paraissent, ils s'emparent de toute la sève nourricière des maîtres pieds qui sont contraints de finir ; telle est la bonne mère de famille, qui ne connait d'autre jouissance que celle d'élever ses chers enfans, et qui ne craint pas d'y sacrifier jusqu'à sa vie, si les circonstances semblent l'exiger.

Dans le siècle dernier on n'aurait pas osé se donner comme un amateur de Roses ; mais la culture de cette fleur prend une faveur qui va la replacer sur le trône de la déesse des fleurs ; on doit donc s'empresser de la cultiver.

Dans le fait, pourquoi les Roses n'auraient-elles pas des amateurs comme les Tulipes, les Jacinthes, les Oreilles d'Ours et les Œillets ?

Je prétends qu'elles méritent nos hommages et nos soins, sinon de préférence à toutes les fleurs que je viens de citer, au moins en concurrence avec elles.

Leur culture est beaucoup plus facile : les Rosiers ne demandent d'autres précautions que les arbrisseaux ordinaires, leurs fleurs ne sont pas exposées à changer et à dégénérer comme les espèces précitées.

Il ne leur faut pas des terres recherchées ni préparées d'avance.

Les Roses ne brillent-elles pas également comme les Tulipes, Jacinthes et Œillets, par la beauté et variété de leurs couleurs ! ne flattent-elles pas l'odorat par leurs différens parfums !

Leur fera-t-on le reproche de ne durer que peu de temps dans leur beauté et leur fraîcheur ? Je répondrai pour elles qu'elles se succèdent sur le même pied, d'un jour à l'autre, pendant l'espace d'un mois, six semaines et plus; qu'un Rosier de quatre à cinq ans de plantation, quand il est fort et vigoureux, peut donner, depuis cent jusqu'à trois cents fleurs et au-delà; que l'on peut jouir des Roses toute l'année, sur-tout depuis que nous avons fait l'acquisition du Rosier du Bengale : ce dernier nous prodigue ses plus belles fleurs au printemps et à l'automne, avant et après les autres espèces.

Indépendamment de celui-ci, n'avons nous pas une succession de fleurs depuis le commencement de mai jusqu'à la fin d'octobre, dans les Pompons, Bordeaux, Tous Mois rouges et blancs, Cent Feuilles et Musquées, dont les variétés nombreuses, plus belles les unes que les autres, remplissent les petits intervalles qui peuvent se rencontrer entre les époques de leur floraison.

Je soutiens, que nulle fleur ne peut donner des jouissances aussi variées que les Roses : on peut les trouver dans la forme de l'arbre, dans la variété de son feuillage, dans la décoration qu'il donne à un jardin de nombre de manières (1), dans le mélange de ses couleurs sur le même pied.

(1) On peut se procurer des Rosiers depuis un pied d'élévation jusqu'à dix et douze, et plus, les placer

Quelle fleur peut procurer autant d'agrémens de toutes espèces que la Rose !

Depuis long-temps elle est en possession de la suprématie sur les autres, elle est nommée la Reine des fleurs : c'est avec justice que ce noble titre lui a été donné, dans un temps et à une époque où l'on ne possédait qu'un petit nombre de variétés ; elle doit donc conserver son empire et mériter une préférence si bien acquise, sur-tout aujourd'hui que la culture en a fait monter le nombre jusqu'à plus de deux cents variétés et sous variétés.

Avant de passer à la nomenclature des Rosiers, je dirai un mot de leur culture : Elle est simple et facile, presque tous les terreins leur

---

en corbeilles, en amphithéâtre, en ligne droite, en festons ou guirlandes, en buissons, espaliers, quenouilles, tiges, et même en allées couvertes ; on peut réunir sur le même pied en quenouille, jusqu'à dix et douze espèces différentes, en les cultivant et greffant sur églantier ; j'en ai acquis l'expérience ; on peut même en changer les espèces, quand elles déplaisent, par la greffe ou écusson fait, soit sur l'espèce que l'on veut supprimer, soit sur les gourmands et branches de sauvageon que l'églantier fournit presque continuellement, branches qu'il faut retrancher, si l'on ne juge pas à propos d'en tirer parti pour greffer de nouvelles espèces.

conviennent, sans autre préparation que celle que l'on donne aux arbres les plus communs; seulement on peut dire qu'ils préfèrent une terre douce et substantielle où ils acquièrent toute leur perfection, à un sol humide qui fait perdre à la fleur une partie de son odeur. Ils se plaisent, pour ainsi dire, à l'ombre comme au soleil; il ne faut ni serre, ni abri, ni exposition privilégiée, si l'on en excepte deux ou trois espèces, tels que le Bengale, le Musqué; encore quand ils sont élevés en tiges, greffés sur églantier, ils passent l'hiver en pleine terre sans abri ni couverture.

On peut cultiver les Rosiers francs de pieds ou greffés sur Eglantier.

Cette dernière manière est à préférer pour plusieurs espèces, par la supériorité que les fleurs gagnent en grosseur, grandeur et beauté; seulement il faut avoir l'attention de choisir des sujets forts, vigoureux et bien enracinés.

Un terrein couvert d'Eglantiers, peut en une année, sous la main d'un cultivateur intelligent, être métamorphosé en un Bosquet de Rosiers superbes et délicieux.

C'est une jouissance que presque tous les propriétaires qui habitent la campagne peuvent se donner.

Pour conserver les Rosiers dans toute leur vigueur, il suffit de les tailler tous les ans dans le cours de l'hiver, de supprimer tous les bois morts, de rapprocher les gourmands sur les francs de pieds, d'enlever les drageons et branches de sauvageons qui poussent au pied et le long du corps de ceux greffés sur églantier. Ces petits soins sont les mêmes que ceux qu'il faut donner aux arbres fruitiers, et à toutes les espèces d'arbres d'ornement greffés qui sont cultivés dans les jardins.

Si l'on tient à la qualité et beauté des fleurs plus qu'à la quantité, il faut tenir les branches courtes lors de la taille, supprimer les boutons collatéraux, pour ne laisser que la fleur principale de chaque branche, ainsi que le font les grands amateurs d'œillets; par cette culture recherchée, on obtient des Roses frappantes par leur volume et la vivacité de leurs couleurs.

Pour se procurer de nouvelles espèces ou variétés, il faut planter un massif ou carré de Rosiers qui produisent des fruits, tels que les Tous Mois, les Sultannes, les Sans Pareilles, les Agathes, les Provins, et autres espèces, en observant de les bien mélanger et varier relativement aux couleurs, les tenir toutes en buisson à une égale hauteur autant que possible, par une taille courte et raprochée. Dans le temps de la floraison, et vers le midi, il faut passer sur ce massif, en divers sens, une corde portée à chacun des bouts par une personne : cette corde, en agitant les Rosiers et les fleurs, en fera sortir les poussières fécondantes, lesquelles se mêleront ensemble, et se porteront ainsi mélangées sur les pistils des différens Rosiers ; ces pistils, en mûrissant, donneront des graines qui nécessairement fourniront de nouvelles variétés par la semence.

C'est ainsi qu'en aidant la nature, nous pourrons nous procurer de nouvelles jouissances dans la culture de cette fleur.

Je vais passer à la description des espèces et variétés de Rosiers qui sont à ma connaissance ; sauf à la perfectionner ou augmenter des nouvelles que je me procure annuellement, par un supplément qui sera joint à cet ouvrage.

DESCRIPTION
DES DIFFÉRENTES ESPÈCES
ET VARIÉTÉS
DE ROSIERS.

Je ne suivrai d'autre ordre dans cette description que l'époque de la floraison, le rapprochement de leurs couleurs et nuances, autant qu'il sera possible, attendu la difficulté, pour ne pas dire l'impossibilité de les classer, à raison des nombreuses variétés ou espèces hybrides, qui se rapprochent plus ou moins de l'espèce primitive, sauf quelques-unes de la même classe qu'il serait difficile de passer sous silence en dépeignant leurs compagnes.

Celui qui fait l'ouverture et la clôture de ce théâtre de Flore, est le Bengale, connu sous les noms latins de *Rosa diversi folia*, *Semper florens*, *Bengalensis* et *Sinensis*.

BENGALE,

ROSE SEMI-DOUBLE.

J'en possède six variétés. Celui qui est le plus généralement répandu est à fleurs presque doubles; il est tellement connu, qu'il est inutile d'en faire une description particulière.

Ses rameaux et branches sont droites sur les francs de pied. Quand la terre lui convient, et qu'il est bien conduit, il forme des buissons gros et touffus, qui donnent une quantité considérable de fleurs peu odorantes, à la vérité, mais d'une grande fraîcheur, plus ou moins belles, suivant la saison et la vigueur du pied.

C'est sur-tout au printemps et à l'automne qu'elles sont dans tout leur éclat, souvent jusqu'à sept et huit sur le même pétiole.

Les feuilles sont d'un beau vert, bordées de rose, au nombre de trois à cinq sur le même pétiole.

Greffé sur églantier, on peut en faire des tiges élevées formant de belles têtes, en ayant le soin de les tailler et de rapprocher les branches après la floraison. Il passe aisément, dans le climat de Paris, l'hiver en pleine terre, sans abri ni couverture.

BENGALE SIMPLE.

Il en est de même de la variété à fleur simple, qui paraît être le type originaire de l'espèce. Il porte les mêmes caractères que le précédent; il n'en diffère que par le nombre des pétales de la fleur, qui est de cinq, plus allongées que dans le premier. Quoiqu'à fleur simple, il n'est pas sans agrément.

BENGALE BLANC.

La variété à fleur blanche diffère des deux premiers par ses boutons qui sont moins recouverts

verts de l'enveloppe, ou des membranes du calice; par son bois qui est moins vigoureux.

Il joue beaucoup, c'est-à-dire, que sur le même pied on a des fleurs roses, d'autres couleur de chair, d'autres veinées de rose et de blanc, et enfin de très-blanches.

Il jouit de l'avantage de fournir plus de petites branches que les deux précédens, et, par une suite nécessaire, de donner plus de fleurs; mais d'un autre côté sa multiplication n'est pas aussi facile.

Greffé sur églantier, il se taille, et sa tête se forme et se dessine plus aisément que celle du rose; souvent un seul œil, qui dans la dernière variété ne donne qu'un bourgeon ou branche, en pousse six et huit, toutes portant fleurs : c'est une variété qui mérite d'être soignée et cultivée.

BENGALE

A FLEURS TRÈS-DOUBLES.

LeBengale à fleurs très-doubles n'est pas encore aussi généralement répandu dans le commerce que les espèces précédentes. Le bois en est plus vigoureux, les feuilles d'une plus grande dimension, ainsi que la fleur qui est presque aussi double qu'une Cent Feuille.

Les pétales de la fleur ne sont pas aussi allongées, et la couleur en est plus foncée.

BENGALE CRAMOISI.

Le Bengale cramoisi ou pourpre, est plus délicat et s'élève moins que ceux à fleurs roses. Les branches en sont pendantes et divergeantes; les feuilles en sont plus petites, plus déliées, bordées et ornées d'un rose brun glacé.

La fleur est semi-double, d'un superbe cramoisi velouté. Elle peut fixer les amateurs par la richesse de sa couleur toujours recherchée dans tous les genres de fleurs.

Sa multiplication n'est pas aisée, sur-tout sur églantier, à cause de la délicatesse de son bois et de ses bourgeons.

BENGALE BICHONNE.

Il en existe une variété du Bengale cramoisi, sous le nom de *Bichonne*, elle porte les mêmes caractères; elle n'en diffère que par la vigueur de ses pousses, et par les pétales des fleurs; elles sont souvent bordées et mélangées de blanc, frisées et chiffonnées, ce qui lui a fait donner le nom de *Bichonne*.

Quelques amateurs le nomment aussi Bengale panaché.

Ce Rosier peut s'élever jusqu'à trois et quatre pieds, alors il y fait une espèce de piramide qui est d'un grand effet par la quantité de fleurs qu'il donne : elles sont les plus odorantes de celles de l'espèce.

Il paraît que nous devons ce Rosier aux soins de madame Gaucher, de Paris ; elle le cultive depuis plusieurs années avec prédilection et succès: c'est elle qui l'a répandu dans le commerce.

POMPONS.

Les Rosiers Pompons, qui succèdent aux Bengales, sont trop connus pour exiger une description particulière. Il y en a de deux espèces en couleur de rose, le gros et le petit; le premier est infiniment plus beau que le dernier.

Le cramoisi, appellé aussi Saint-François, ne peut être confondu avec aucun autre, et donner lieu à aucune erreur. Il est bon seulement d'observer, à l'égard de ce Rosier, que si l'on veut jouir de ses fleurs, il ne faut pas le tailler au printemps; parce que les donnant toujours à l'extrémité des rameaux, on en serait privé pour l'année.

Si cette opération lui est nécessaire, pour le rajeunir, il faut qu'elle soit faite aussitôt que la fleur est passée.

Ce Rosier forme de très-jolies bordures, par la raison qu'il conserve ses feuilles presque toute l'année, et qu'il supporte bien le ciseau.

ROUGE, RENOMMÉE SUPERBE.

Le bois en est très-délicat et mince, les feuilles déliées.

Le bouton et le calice ovales et petits, la fleur de la même grandeur que celle des Pompons, est une jolie mignature d'un rouge vif, gai, éclatant; elle est bien faite, de la forme d'une petite cocarde : elle ne dément pas, comme bien d'autres, le nom de Superbe renommée qui lui est donnée; elle ne peut manquer de plaire, elle est parfaite dans sa classe ou espèce, et fleurit du 10 au 20 Juin.

VIOLET AGRÉABLE,

PALE SUR LES BORDS ET ROUGE FEU AU MILIEU.

Bois et feuilles des Roses Brunes, n'ayant rien de remarquable.

Calice rond, bouton de même forme, peu recouvert.

Fleur de la grandeur et de la forme du Pompon rose, mais formant un contraste frappant pour la couleur qui est d'un pourpre foncé, agréable. Elle est peu odorante; mais l'amateur en sera amplement dédommagé par sa riche couleur qui ne pourra manquer de lui plaire. Dans les pétales du milieu de la fleur, il y a quelques restes d'étamines d'une couleur aurore, qui y sont adhérentes, et qui l'ont sans doute fait qualifier de rouge feu par le cultivateur qui a obtenu cette rose : elle peut être classée au nombre des belles.

Elle m'a été donnée aussi sous le nom de Pompon cramoisi : elle fleurit du 1.er au 10 Juin.

BOUQUET, BLANCHE.

Bois délié, ainsi que les feuilles d'un vert jaune.

Calice et bouton allongé.

Fleur pas très-double, blanche carnée, de la grandeur de celle des Pompons, extrêmement odorante, ce qui fait le grand mérite de cette Rose.

NOUVEAU PETIT SERMENT.

Bois très-armé d'aiguillons rouges, crochus.

Feuilles ovales, profondément et finement dentelées, d'un vert gai.

Calice et bouton ronds, de la même forme que ceux des Agathes, bien couronné des membranes du premier, lesquelles en se développant entourent la fleur, et la dépassent d'environ trois lignes, caractère très-distinctif de cette rose.

Fleur de la grandeur du petit Saint-François, ou Pompon cramoisi, mais excessivement double, d'un beau pourpre foncé, et qui s'éclaircit insensiblement à partir du milieu de la fleur jusqu'aux extrémités. Elle est d'une odeur douce et agréable.

Cette Rose est une jolie mignature, et mérite d'être recherchée; elle fleurit du 1.er au 10 Juin.

ROUGE FAVORITE.

C'est encore une mignature qui peut figurer avec les Pompons.

Bois délié, ainsi que les feuilles d'un vert tirant sur le jaune.

Bouton et calice roses.

Fleur plus petite que les Pompons, d'une jolie forme, couleur foncée, panachée de blanc, extrêmement odorante : fleurissant du 10 au 15 Juin.

POMPON BLANC.

Bois vert, presque sans aiguillons, feuilles ovales, dentelées et sur-dentelées, longues d'un pouce environ, souvent panachées de blanc et de jaune.

Calice allongé, recouvert de poils verts.

Bouton rond, couronné des membranes du calice qui sont bien découpées.

Fleur de la grandeur et forme du Pompon rose, très-double, d'un beau blanc, même parfum, plus tardive à la floraison.

Quoique ce Rosier ait le feuillage des Cent Feuilles, on peut bien le dénommer Pompon blanc. Il peut être rangé dans la classe des mignatures, et fait une jolie variété.

MIGNONNE BLANCHE CENDRÉE.

Bois fort et vigoureux, feuilles d'un beau vert.

Calice et bouton ovale et glabre, ce dernier bien recouvert des membranes du premier qui sont découpées et se terminent en pointe.

Fleur de la grandeur du Pompon rose, mais plus double, au nombre de huit à dix sur le même pétiole; d'un blanc glauque ou cendré. Les pétales en sont dentelées, renversées sur le calice. Elle a une odeur douce, s'épanouit du 10 au 15 Juin. Greffée sur églantier, elle y fait une belle tête.

PUCELLE.

Le Rosier Pucelle, qui fleurit à la même époque que le précédent, peut aussi figurer avec les Pompons.

Il est très-petit dans toutes ses proportions, et ne peut guères être confondu avec aucun autre.

Son bois est mince, délié, garni de poils plutôt que d'aiguillons.

Les feuilles, très-petites, sont bien faites, finement dentelées, d'un vert gai.

Le bouton est pointu, recouvert des membranes du calice qui est allongé, resserré du haut et du bas.

La fleur n'est guères plus grande que celle du Rosier Pompon; mais d'un rose plus tendre et plus gai. Elle a encore sur cette espèce l'avantage d'être très-odorante : quoiqu'elle ne soit pas bien double, elle mérite d'être cultivée.

Dans le mois de Mai, époque de la floraison des Pompons, nous jouissons encore des espèces suivantes.

ROSIER DES ALPES,

A FLEURS SIMPLES ET DOUBLES.

Le Rosier des Alpes à fleurs simples et doubles, connu sous le nom vulgaire de Rosier de Mai, parce qu'il donne ses fleurs à cette époque, est aussi connu sous celui de Canelle, à cause de la couleur de son bois et de l'odeur de sa fleur ; du Saint-Sacrement, sans doute parce que ses fleurs viennent à peu-près dans le temps de la Fête-Dieu : en latin il se nomme *Cinnamomea*.

C'est une espèce de Cent Feuilles. Ses branches d'abord vertes deviennent en grandissant couleur de canelle, armées d'aiguillons petits et recourbés.

Les feuilles en sont allongées, profondément dentelées, de cinq à sept folioles sur le même pétiole.

Le calice est petit, uni, presque rond, resserré du haut. Les boutons des fleurs sont ovales, très-peu recouverts des membranes du calice, ils sont de deux à cinq sur le même pétiole, qui est lisse, sans aiguillons.

Les fleurs sont de moyenne grandeur, d'un rose tendre, d'une légère odeur de canelle.

Ce rosier forme de très-grands et larges buissons qui ne sont pas sans agrément.

L'expérience m'a appris que si on le tond aussitôt après la floraison, il donne à l'automne un grand nombre de fleurs nouvelles plus agréables que celles du printemps.

Celui à fleurs simples, connu sous le nom d'*Eglantier des Alpes*, porte les mêmes caractères que le précédent ; il donne, ainsi que lui, un grand nombre de fleurs à cinq pétales, d'un beau ronge cerise.

Il pousse de nombreux drageons, forts et vigoureux. Les aiguillons en sont faibles et flexibles.

Ces deux Rosiers sont propres, ainsi que les suivans, *Capucines et à fleurs jaunes simples*, à garnir les massifs des jardins anglais.

BICOLOR CAPUCINE.

Rosier Bicolor, Rosier Capucine, Rosier Comtesse. *Rosa Bicolor, Rosa Eglanteria punicea.*

Son bois est légèrement tacheté de rouge brun. Les aiguillons en sont longs, bruns à leur base, verds à l'extrémité, et presque droits.

Les feuilles sont ovales, petites, dentelées profondément, de sept à huit folioles sur le même pétiole : ce dernier est vert, armé d'aiguillons de même couleur, minces et flexibles.

Le calice est rond, uni, d'un beau vert luisant, sur un pétiole brun clair.

Le bouton est long, recouvert des membranes du calice.

Les fleurs sont composées de cinq pétales,

couleur capucine en dessus, jaune pâle en dessous. Il donne quelquefois des fleurs d'une seule couleur jaune ou capucine; d'autres fois mélangée en dessus de ces deux couleurs.

Elles éclosent le long des branches, depuis leur naissance jusqu'à leur extrémité, et forment des guirlandes d'un grand éclat.

JAUNE SIMPLE.

Rosier jaune à fleurs simples. *Rosa Eglanteria lutea.*

Ce Rosier fleurit à la mi-Mai, ainsi que le précédent.

Le bois en est d'un rouge luisant lors de la pousse, prenant par la suite une teinte jaune; ses aiguillons sont longs, très-piquans et presque droits.

Les feuilles sont arrondies, très-dentelées, terminées en pointe, de cinq à neuf folioles sur le même pétiole qui est vert.

Le calice de la fleur est rond, uni et brillant.

Le bouton est pointu, la fleur est composée de cinq pétales grandes, larges, d'un beau jaune soufré. Elles viennent, comme celles de l'espèce précédente, tout le long des branches, et se succèdent pendant près d'un mois.

JAUNE A FLEURS DOUBLES.

Rosa sulphurea, fleurit quelque temps après celui qui est à fleurs simples.

Son bois est vert lors de la pousse, il prend ensuite une teinte grise.

Ses aiguillons sont nombreux, quelques-uns larges à leur base, forts, très-recourbés; d'autres sont plus petits et flexibles.

Le calice en est gros, court, large et écrasé : ces deux derniers caractères sont particuliers à cette espèce.

Les feuilles au nombre de sept à neuf folioles sur le même pétiole, sont d'un vert pâle, ovales et dentelées.

Les boutons des fleurs sont gros, ronds, recouverts et couronnés des membranes du calice, qui sont longues et plus larges que dans tout le genre.

Les fleurs sont très-grosses, et si doubles que souvent elles crèvent.

Ce Rosier est un des plus difficiles à cultiver : si il est trop exposé au soleil, les fleurs se desséchent avant leur épanouissement ; si au contraire on le tient trop à l'ombre, elles pourrissent et crèvent sans se développer entièrement.

En le greffant sur églantier on évite une partie de ces inconvéniens.

Il faut aussi le planter dans une position où il ne soit frappé des rayons du soleil que depuis son lever jusqu'à dix ou onze heures.

POMPON JAUNE.

C'est ici le moment de citer le POMPON JAUNE

Rosa sulphurea nana. Le bois en est vert, délicat, presqu'entièrement couvert d'aiguillons fins, longs, flexibles, de la même couleur que le bois, mais d'un vert plus clair.

Les feuilles sont ovales, profondément dentelées, d'un vert jaune, au nombre ce cinq sur le même pétiole.

Ce Rosier est encore plus délicat à la culture que le précédent; depuis quatre ans que je le cultive, je n'ai point encore vu sa fleur, on la dit jolie : à en juger par la délicatesse de son bois qui ne s'élève qu'à six ou dix pouces, elle doit être une mignature.

Sa rareté doit le faire rechercher par les amateurs.

Les CUISSES DE NYMPHES, grosses et petites, fleurissent aussi dans cette saison, ainsi que l'Eglantier à fleur double, et le *Pumila*.

PUMILA.

Ce dernier, connu sous le nom d'Eglantier nain, *Eglanteria Pumila*, mérite les soins des amateurs.

Ses fleurs nombreuses, couleur cerise, de la forme et de la grosseur du gros Pompon, se succèdent du commencement à la fin de Juin.

Le bois en est vert, délicat; les feuilles sont petites, ovales, terminées en pointe, dentelées, bordées de rose, panachées de blanc.

Les

Les aiguillons sont larges à leur base, rouges, et un peu recourbés.

Le calice est petit, un peu allongé, large du haut.

Toutes les proportions de ce Rosier sont très-rapprochées; greffé sur églantier des haies, il forme une jolie tête arrondie, propre à décorer les petits jardins.

EGLANTIER A FLEURS DOUBLES.

L'Eglantier à fleurs doubles, *Canina semi-plena*, pousse plus vigoureusement, il peut s'élever en tige, franc de pied.

Le bois en est vert, armé d'aiguillons violets peu nombreux, larges à leur base, et recourbés.

Les feuilles sont étroites, pointues, dentelées profondément, de cinq à sept folioles sur le même pétiole.

Le calice est allongé, glabre, entouré à sa base de folioles qui forment une espèce d'ombelle qui accompagne et orne sa fleur.

Elle est petite, odorante, pas très-double, d'un rose carné, elle se succède pendant un long espace de temps.

EGLANTIER ODORANT.

L'Eglantier odorant, *Rubiginosa*, fleurit aussi dans cette saison.

Le bois en est très-épineux, il n'a de mérite

que par le parfum que le bois, les feuilles et la fleur exhalent, et qui se fait sentir à dix et douze pas de distance : caractère distinct de cette espèce.

Il peut figurer avec avantage dans les bosquets.

La fleur en est petite, composée de cinq pétales échancrés, d'une jolie couleur de rose : dans le même temps nous jouissons du Bordeaux.

BORDEAUX.

Bordeaux, *Centifolia minor*, appellé aussi Rosier des Dames, il a les feuilles longues, bordées de rose, très-dentelées, cinq folioles sur le même pétiole.

Calice petit, allongé, recouvert, ainsi que son pétiole, de poils bruns.

Aiguillons petits, aigus, larges à leur base, légèrement recourbés.

Fleurs bien faites, d'un joli rose, semblable à celui du Pompon couleur de chair. Elles succèdent à ce dernier, et précèdent de quelque temps les Cent Feuilles, et continuent d'embellir les jardins concurremment avec une foule d'autres variétés qui peuvent rivaliser avec elles.

Ce Rosier greffé sur églantier produit un bon effet, donne beaucoup de fleurs pendant longtemps, toujours avec des agrémens nouveaux, ce qui lui a sans doute fait donner le surnom de Rosier des Dames.

EUPHROSINE L'ÉLÉGANTE.

Bois et feuilles d'un vert tendre et gai.

Calice rond, bouton allongé.

Fleurs de trois pouces de diamètre, bien faite, élégante, d'un rouge tendre, vif et gai; très-odorante.

Cette Rose, bien accompagnée de son feuillage, et de boutons nombreux, est très-agréable, elle présente un bouquet tout fait, ce qui lui a sans doute fait donner le nom d'Euphrosine, l'une des trois Grâces : elle s'épanouit du 10 au 20 Juin.

THALIE LA GENTILLE.

Cette Rose ressemble pour la forme et la tournure, à sa sœur ou compagne Euphrosine; mais elle est plus petite, d'un rouge plus tendre; elle est aussi odorante, fleurit à la même époque.

On trouve les mêmes ressemblances dans le bois et les feuilles.

Ce sont deux jolies variétés, ainsi que la suivante, *Aglaia*.

AGLAIA.

Bois et feuilles minces et déliées.

Calice allongé, resserré du haut.

Bouton rose, terminé en pointe, peu recouvert des membranes du calice.

Fleur bien faite, de deux pouces et demi de diamètre, pétales frisés, d'un joli rose tirant sur le lilas, mélangé de blanc, odorante ainsi que ses deux compagnes, fleurissant à la même époque.

ACCEPTOR,

ROUGE PALE.

Bois semblable à celui de la précédente.

Feuilles ovales, d'un vert jaune, souvent panachées de blanc, dentelées inégalement.

Bouton et calice allongés.

Fleur de la grandeur du Bordeaux, d'un rouge tendre, très-double, bien faite, d'une odeur douce, fleurissant du 10 au 20 Juin.

BELLA VICTORIA.

Bois assez recouvert de petits aiguillons roses.

Feuilles ovales, dentelées, renversées sur leur pétiole.

Calice et bouton ronds, au nombre de deux à trois sur le même pétiole, peu recouverts des membranes du premier.

Fleur de la grandeur de la précédente, bien faite, très-double, sans étamines, cramoisi velouté, pétales étoffés et serrés, d'une odeur douce, fleurissant à la même époque.

C'est une des jolies de l'espèce.

NOUVEAU ROUGE,

POUPRE ET NOIR.

Bois délicat, feuilles presque rondes, finement dentelées, d'un vert agréable.

Calice et bouton ronds, presque glabres.

Fleur de la même grandeur que les précédentes, fleurissant à la même époque, d'une odeur douce, très-double, d'une jolie forme, d'un beau rouge pourpre éclatant.

On peut la regarder comme parfaite dans sa classe.

ROUGE SUPERBE ACTIF.

Bois et feuilles d'un vert jaune, calice et bouton ronds.

Fleur de la même grandeur que les deux dernières, bien faite, très-double, d'un beau rouge vif, d'une odeur agréable, fleurissant à la même époque.

SUB ROTONDI,

FOLIA CRENATA.

Le bois n'a rien de remarquable.

Les feuilles en sont presque rondes, très-jolies, bien dentelées.

Fleur de la grandeur de la Bordeaux, bien double, d'une jolie tournure, d'un rose tendre, odorante, fleurissant dix ou douze jours plus tard.

Ce Rosier, d'un charmant feuillage, greffé sur églantier, forme une belle tête.

C'est une des belles espèces que l'on puisse cultiver. Ordinairement les fleurs sont solitaires, ou uniques au bout des branches.

Cinq à six boutons à demi-épanouis, accompagnés de son joli feuillage, forment un des beaux bouquets que les Roses puissent donner.

CUISSE DE NYMPHE,

PETITE ESPÈCE.

Elle fleurit à-peu-près dans la même saison que les précédentes ; elle est aussi connue sous le nom d'Anglaise.

On peut se dispenser de décrire son bois et son feuillage, qu'il est difficile de confondre avec aucune autre espèce.

La fleur est d'une belle forme, couleur de chair tendre ; elles sont très-nombreuses sur le même pétiole, quelquefois il y en a jusqu'à dix. Une branche de ce Rosier forme souvent à elle seule un très-joli bouquet.

CUISSE DE NYMPHE,

GRANDE ESPÈCE, OU ROYALE.

Son bois ressemble à celui de la précédente.

Les feuilles en sont presque rondes, profondément dentelées.

Les aiguillons sont longs, un peu recourbés, larges et rouges à leur base.

Le calice est gros, allongé, couvert de poils.

Les boutons sont ronds, nombreux; quelquefois jusqu'à dix à douze sur le même pétiole, il en naît autant de fleurs bien faites, presqu'aussi grosses et aussi doubles que celles des Cent Feuilles, d'un rose carné, un peu plus foncé que celui de la précédente.

C'est une des belles Roses que nous possédions.

J'ai cru remarquer que ce Rosier aimait le plein soleil, que ses fleurs dégénéraient sur l'églantier, et qu'il fallait préférer de le cultiver franc de pied.

Les espèces suivantes peuvent être classées avec les Cuisses de Nymphe, à raison de leur couleur.

ELISA.

Bois fort et vigoureux, d'un vert gai, aiguillons courts, bruns et flexibles.

Feuilles ovales, dentelées profondément, d'un d'un beau vert.

Calice allongé, recouvert d'aiguillons minces.

Bouton ovale, recouvert des membranes de son calice.

Fleur bien faite, double, sans étamines, de deux à trois pouces de diamètre; d'un joli rose tendre, pétales légers, petits, très-frisés, odeur douce et agréable, fleurissant au commencement de Juin.

GRACIEUSE,

COULEUR DE CHAIR.

Bois et feuilles d'un vert pâle et glauque, presque glabre.

Calice ovale, bouton rond, presque nud.

Fleurs de deux pouces de diamètre, bien faites, très-doubles, couleur de chair, odorante, s'épanouissant du 10 au 15 de Juin.

DOM PEDRO,

BELLE SUPERBE.

Celle-ci fleurit à la même époque que les précédentes.

Le bois en est délié, tirant sur le brun.

Les feuilles sont allongées, d'un vert pâle et glauque.

Le calice et le bouton sont également allongés.

La fleur, de trois pouces de diamètre, est bien double, d'une belle forme, d'un rose tendre et odorant.

Elle peut être mise au nombre des jolies; souvent au milieu de la fleur se rencontrent quelques petites feuilles vertes qui ne sont pas sans agrémens.

ALBA REGIA AUREATA.

Bois vert, fort et vigoureux, recouvert de nombreux aiguillons assez forts et recourbés.

Feuilles longues, bien dentelées, d'un beau vert, terminées en pointe.

Calice ovale, resserré du haut, recouvert de poils minces et légers.

Boutons renflés, pointus, au nombre de sept à huit sur le même pétiole; ils sont surmontés et couronnés par les membranes du calice, qui sont bien découpées.

Fleur de trois pouces de diamètre, pas très-double, mais d'une belle forme, d'un rose très-tendre, fort odorante, s'épanouissant vers le 15 de Juin.

Elle ne peut manquer de plaire aux amateurs qui recherchent les couleurs tendres.

Les boutons, avant de s'épanouir, ont une teinte jaune, caractère qui leur est particulier.

C'est ce qui a sans doute fait donner à cette Rose le surnom d'*Aureata*.

CLÉMENTINE,

GRIS CENDRÉ.

Le bois et feuilles d'un vert gai, ces dernières, longues, terminées en pointe, profondément et régulièrement dentelées.

Calice et bouton ronds.

La fleur, à-peu-près de la même grandeur que celle du rosier de Bordeaux, ou Rosier des Dames, est bien double, d'un rouge tendre, souvent mélangé de blanc : elle s'épanouit un peu plus tard, et est odorante.

GRIS DE LIN.

Le bois et les feuilles n'ont rien de remarquable.

Le calice est allongé, presque glabre, d'un vert glauque, ainsi que le bouton.

La fleur, presqu'aussi grande qu'une Cent Feuilles, et de la même forme, est aussi double, sans étamines, les pétales en sont frisés et chiffonnés.

La couleur est lilas pâle, l'odeur très-douce.

Cette Rose peut être mise au nombre des singulières, et est réellement de la couleur annoncée par sa dénomination : elle fleurit vers le 1.er Juin.

GRIS CENDRÉ,

COULEUR NEUVE.

Bois d'un gris cendré.

Feuilles de même couleur, assez jolies, petites, longues, pointues, très-dentelées.

Calice et bouton ronds, également cendrés.

Fleur de trois à trois pouces et demi de diamètre, plate, bien double, pétales serrés, très-frisés, d'un rose pâle tirant sur un blanc cendré, assez odorante, fleurissant du 1.er au 10 Juin.

Cette rose est presque blanche en dessous, et souvent se divise naturellement en quatre parties égales; elle peut être placée dans la classe de celles où la nature se plaît à se jouer. Elle est fort originale dans son espèce.

GRIS CENDRÉ,

PETITE ESPÈCE.

Bois et feuillage déliés, ce dernier finement dentelé.

Calice et bouton petits, un peu allongés.

Fleur de la grandeur de celle du Bordeaux, très-double, odorante, d'un rose tirant sur un gris cendré. Elle est bien faite et d'une belle forme : elle s'épanouit vers le 10 de Juin.

ACULEATA INCARNATA.

A cette même époque on jouit de l'*Aculeata Incarnata*; cette variété, que l'on prendrait au premier aspect pour une Cuisse de Nymphe, en diffère néanmoins beaucoup pour la forme et le parfum.

La fleur a deux pouces et demi de diamètre, elle représente assez bien, au moment de son épanouissement, un vase on une soucoupe. Elle est d'une couleur rose, extrêmement tendre, et elle a le parfum agréable des Tous Mois les plus odorans.

SANS ÉPINES,

SIMPLE ET DOUBLE.

Dans cette même saison viennent les ROSES SANS ÉPINES, à fleurs simples et doubles. La première, de couleur violette, ne mérite guères d'être cultivée. La seconde, *Rosa inermis Sinensis*, peut mériter les soins de l'amateur.

Les feuilles en sont allongées, légèrement bordées de rouge, profondément dentelées, de cinq à neuf folioles sur le même pétiole.

Les branches ou bourgeons sont vigoureux, allongés

allongés, lisses, verts ; le côté exposé au soleil du midi légèrement teint de rose.

Le calice est presque rond, recouvert, ainsi que le pétiole, de poils bruns.

Le bouton de la fleur est pointu, dépassé par les folioles du calice, qui sont minces et déliées.

La fleur, d'un pouce et demi de diamètre, est d'une assez belle forme, d'un rose fort tendre, légèrement odorante.

Ce Rosier prend bien sur églantier, y pousse vigoureusement, et forme une belle tête.

GROSSE SANS ÉPINES.

Il existe encore dans le commerce une autre espèce de Rosier donné sous le nom de SANS ÉPINES, qui donne ses fleurs beaucoup plus tard ; il paraît provenir du Rosier de Provins, qui par les semis nous a fourni un grand nombre de variétés et sous-variétés, dont quelques-unes sont difficiles à classer, parce qu'elles présentent des nuances presqu'imperceptibles.

Cette espèce de Rosier sans épines ne pousse pas aussi vigoureusement que l'autre.

Le bois en est vert, uni, garni de pointes et poils bruns flexibles.

Les feuilles en sont longues, terminées en pointes aiguës, finement dentelées, de cinq à sept folioles éloignées les unes des autres sur un même pétiole.

Le calice est ovale, peu resserré du haut, recouvert de poils bruns, presque noirs.

Les fleurs en sont grandes, les pétales échancrés dans le milieu, d'un violet clair, qui se termine insensiblement vers la base en un disque blanc de douze à quinze lignes de diamètre. Ses pétales sont veinés d'un violet ou pourpre plus foncé que le fond, elles sont presque blanches en dessous ; caractères très-marquans de cette espèce. Elle fleurit à la mi-Juin, et elle se trouve décrite avant l'époque de sa floraison, pour ne pas séparer les trois variétés de Sans Épines.

ROSIER A FRUIT.

Le ROSIER A FRUIT, *Villosa*, *Pomifera*, fleurit encore vers la fin du mois de Mai.

Le bois en est gros, fort, vigoureux, comme celui des églantiers.

Les feuilles en sont longues, profondément dentelées, et souvent surdentelées, de cinq à sept folioles sur le même pétiole.

Les aiguillons sont nombreux, larges à leur base, verts, teints légèrement de rose, droits et très-pointus.

Le bouton est rond, d'un à six sur le même pétiole.

La fleur est simple, à cinq pétales, d'un beau rouge cerise.

Le calice en est rond, garni, ainsi que son pétiole, d'aiguillons faibles et flexibles. Ce calice se change en un fruit gros comme des petites pommes d'api, d'un beau rouge, qui se conservent sur l'arbre jusqu'aux gelées.

Ce fruit peut se manger; il est des pays où on le fait sécher pour le faire cuire en hiver, comme des pruneaux.

HISPIDA VILLOSA.

Le Rosier *Hispida Villosa*, qui a quelques ressemblances avec le *Pomifera*, fleurit un peu plus tard.

Son bois est très-velu, ou recouvert de poils, ce qui lui a sans doute valu le nom de *Villosa*.

Le calice recouvert comme le bois, est allongé, resserré du haut et du bas.

Le bouton est pointu, bien accompagné et couronné des membranes du calice.

Les feuilles sont allongées, glauques ou cendrées, dentelées profondément.

La fleur, de moyenne grandeur, est semi-double, d'un beau rose tendre et éclatant, d'une odeur douce et agréable.

Cette espèce greffée sur églantier élevé, y forme, ainsi que la suivante, une belle et forte tête, propre à décorer les grands jardins et massifs de rosiers; elles y figurent avec éclat.

HESSOISE,

GRANDE ESPÈCE.

Ce Rosier est dans le genre du précédent, je l'ai tiré du jardin du Muséum d'Histoire Naturelle de Paris; il est beaucoup plus épineux, ou garni d'aiguillons forts et crochus.

Le feuillage en est beau.

Les fleurs n'ont rien de remarquable; il est, ainsi que nous venons de le dire, propre aux décorations où il peut figurer par son feuillage, ses fleurs et ses fruits qui sont gros, nombreux, et d'un beau rouge. Il existe une variété de ce Rosier qui n'en diffère que par des proportions plus petites.

GLAUCA.

Celle-ci peut encore être classée avec les *Villosa* et Hessoises. Il est unique dans son genre par son bois et ses feuilles qui sont glauques, d'un brun rougeâtre, tirant aussi sur le bleu.

La fleur simple est également d'un rose bleuâtre.

Le fruit qui lui succède n'est pas sans agrémens, et on peut encore en tirer avantage, ainsi que du Rosier, dans les décorations des bosquets, pour former des contrastes et des ombres dans les tableaux des jardins paysagistes, anglais et chinois ; il est même peu d'arbisseaux qui offrent autant de ressources. Il peut être assimilé au hêtre pourpre, pour l'originalité du feuillage.

LUCIDA.

Rosier à feuilles de frêne, à feuilles luisantes, en latin, *Lucida fraxini folia.*

Celui-ci est encore d'un grand effet, et plaît généralement par les belles formes qu'il prend greffé sur l'églantier, par le brillant de son feuillage, et par l'immensité de fleurs qu'il donne. Elles sont presque de la grandeur de celles des Cent Feuilles, et bien doubles ; un pied de trois à quatre ans de greffe, qui est vigoureux, peut en donner jusqu'à trois et quatre cents.

Après la première floraison, si on le tond et taille, il en donne encore à l'arrière-saison, quand le temps est favorable, qui sont plus fraîches et plus agréables que les premières.

Les branches sont divergentes, presque sans aiguillons, qui ne se rencontrent qu'à la naissance des feuilles.

Ces dernières sont d'un vert brillant, allongées, terminées en pointe par les deux extrémités, au nombre de sept à neuf sur le même pétiole qui, par sa couleur d'un rouge brun, fait encore ressortir l'éclat des feuilles.

Les boutons sont allongés, couronnés par les

5 *

membranes du calice, également allongées et découpées avec grâce.

Le calice est rond, gros, comprimé, brillant comme les feuilles.

Les fleurs sont en ombelles, au nombre de trois à quatre sur le même pétiole. Les pétales sont d'un beau rouge cerise éclatant.

Il y a une variété à fleurs simples qui sont de la même couleur; les étamines en sont nombreuses, d'un beau jaune vif.

Ces deux couleurs réunies produisent un effet charmant, et sous ce rapport, quoique à fleurs simples, il peut encore figurer au nombre des arbres d'ornement dans les bosquets, même par son fruit. Il est bien arrondi, d'un beau rouge vif et éclatant. Il se conserve jusqu'aux fortes gelées, ressemble à des cerises, qui font de l'effet sur le feuillage brillant de cet arbrisseau.

Quelques amateurs m'ont donné ces espèces sous le nom de *Pensilvanica* à feuilles sauvages; mais il existe une espèce qui porte ce nom, que j'ai possédée et perdue, et que je n'ai pu encore recouvrer; elle est d'autant plus agréable qu'elle donne des fleurs dans plusieurs saisons, notamment à l'automne.

Les Rosiers de Provins viennent également dans cette saison; il y en a plusieurs variétés.

PROVINS DOUBLE.

Celui à fleurs doubles, nommé par quelques amateurs l'Evêque, ou Cocarde.

Les feuilles en sont presque ovales, de trois à cinq sur le même foliole, rapprochées, terminées en pointe, profondément dentelées.

Le bouton est rond, presque nud.

Le calice est ovale, couvert de petits poils bruns, ainsi que son pétiole.

Les aiguillons sont bruns, crochus, ramassés à la naissance des feuilles.

Les fleurs, au nombre d'une à deux sur le même pétiole, sont très-doubles, d'un violet foncé; les pétales sont frisés. Cette Rose peu odorante ressemble assez à une cocarde applatie.

ROSE BOURBON.

Une autre variété de Provins m'a été donnée sous le nom de *Rose Bourbon*, Pivoine, et de Jéricho, par trois personnes différentes.

Elle diffère de la précédente par son bois qui est teint de rose du côté exposé au soleil.

Les feuilles en sont d'un vert sombre, ovales, bordées de rose, très-finement dentelées.

Les boutons de la fleur sont d'un joli rose tendre, terminés en pointe, peu recouverts.

La fleur est grande, d'un rouge gai et vif. Les pétales en sont larges, étoffés, échancrés dans le milieu: en s'épanouissant elle ressemble assez à celle d'une Pivoine à demi-fleurie; elle est d'une odeur fort agréable.

Cette Rose, sans être très-double, peut être

mise au nombre des belles à cause de son éclat.

Ces deux variétés existent à fleurs semi-doubles et simples, elles portent les mêmes caractères.

PANACHÉE.

Enfin la Panachée se trouve dans cette classe. Elle est si connue qu'il est inutile de la décrire, je dirai seulement qu'elle m'a paru la plus odorante de l'espèce.

Elles peuvent se greffer toutes avec avantage sur l'églantier, pour faire des tiges qui prennent des formes agréables. Elles s'y soutiennent et s'y conservent mieux que beaucoup d'espèces, telles que Mousseuses, Cent Feuilles et Pompons, que l'on a peine à contenir, et qui généralement périssent au bout de quatre ou cinq ans.

AIGLE BRUN.

Dans la même saison on peut jouir également d'une variété assez estimée pour la beauté et l'éclat de ses couleurs, quoiqu'elle ne soit que semi-double; elle se nomme *Aigle brun.*

Le bois, les feuilles et le calice ressemblent à ceux des Provins. La fleur est au moins aussi grande; mais elle mérite la préférence par son brun velouté, si foncé qu'il en paroît noir, et que des étamines nombreuses, d'un jaune doré, font encore ressortir avec avantage. Les pétales sont au nombre de douze. Les amateurs de Roses la comptent pour une des belles espèces qui méritent d'être cultivées avec soin.

Deux espèces ou variétés nouvelles, provenues de semis, et qui ne sont point encore répandues dans le commerce, peuvent figurer avec les précédens, pour la décoration des massifs de Rosiers, et des bosquets des jardins paysagistes.

COURONNÉE,

VIOLETTE CLAIRE ET TENDRE.

La première, nommée Couronnée, violette claire et tendre, n'a rien de remarquable dans son bois, que d'être fort et vigoureux.

Les feuilles en sont belles, nombreuses, dentelées inégalement, d'un vert gai accompagnant bien les fleurs, ce qui est un mérite dans les Rosiers.

Le calice est ovale, resserré du haut.

Le bouton, de même forme, est bien recouvert et couronné des membranes du premier.

La fleur est grande, de trois pouces et demi de diamètre, de couleur violette claire et tendre.

Cette Rose, très-odorante, fleurit vers le 10 de Juin.

Greffé sur églantier, cet arbrisseau donnera des fleurs qui, par leur éclat et leur volume, tiendront bien leur place avec leurs compagnes du même genre.

GRANDE VIOLETTE CLAIRE.

La deuxième, nommée Grande Violette Claire, ressemble à la précédente par son bois et son feuillage.

La fleur n'en est que semi-double, a dix pétales; mais elle est très-grande, portant quatre pouces et plus de diamètre.

Ce Rosier, greffé sur un églantier élevé de tige, aura encore de l'éclat dans les massifs. Il pourra encore y figurer comme franc de pied, à raison de sa vigueur et de la beauté de son feuillage.

Après la fleur de ces espèces viennent celles des Tous Mois, des *Damascena*, des Cent Feuilles. Les variétés en sont encore plus nombreuses que dans la classe des précédentes; il n'est pas très-aisé d'en saisir toutes les nuances. Je vais décrire celles qui m'ont paru les plus frappantes, et les désigner sous les noms différens qu'elles m'ont été données.

DAMASCENA,

A FLEURS ROUGES DOUBLES.

Celle qui m'a paru la plus belle est la *Damascena* à fleurs rouges très-doubles, nommée aussi CORIMBOSA, BOUQUET TOUT FAIT, sans doute parce que les fleurs sont très-nombreuses sur le même pétiole, et qu'une seule branche forme un bouquet assez volumineux, d'un belle forme.

Ses rameaux sont presqu'entièrement couverts d'aiguillons larges, longs, bruns, un peu recourbés.

L'œil ou le bourgeon est gros et saillant.

Les feuilles sont ovales, terminées en pointe, obstuses, bordées d'un rose léger.

Les boutons en sont pointus, presqu'en ombelles, très-rapprochés les uns des autres, quelquefois jusqu'à trente sur le même pétiole; ils sont recouverts et couronnés des folioles du calice, qui sont longues et profondément découpées.

Le calice, comme ceux des Tous Mois, est allongé, recouvert de pointes ou poils bruns.

Les fleurs sont larges, d'un beau rose éclatant, odorantes.

Ce Rosier pousse vigoureusement, est d'une végétation forte; il peut s'élever en belle tige, franc de pied.

Il résiste aux grands froids comme aux grandes chaleurs, qui souvent endommagent le Rosier ordinaire des quatre saisons.

Il donne une quantité prodigieuse de fleurs qui se succèdent jusqu'aux gelées, en ayant la précaution de supprimer les branches qui en ont donné.

Greffé sur églantier, il produit un bel effet.

DAMASCENA,

BLANC, A FLEURS DOUBLES.

La variété à fleurs blanches ne diffère de la précédente que par la couleur et les aiguillons qui sont un peu plus droits que ceux du rouge. Elle a de commun avec la Rose Unique Blanche, que le bouton, avant de s'épanouir, est d'une belle couleur de rose, qui paraîtrait devoir donner naissance à une fleur rouge, laquelle néanmoins est d'un très-beau blanc. Quelques personnes, à cause de cette singularité, l'appellent Fausse Unique; mais elle ne peut être placée dans cette classe.

TOUS MOIS ROUGE

DES JARDINIERS.

Le Tous Mois rouge ordinaire, cultivé par tous les jardiniers, a le bois un peu moins épineux, il ne pousse pas aussi vigoureusement. Il donne ordinairement six à dix fleurs sur le même pétiole.

TOUS MOIS BLANC.

Le Tous Mois BLANC, également cultivé par les jardiniers, porte les mêmes caractères que le précédent;

précédent ; il est un peu plus rare et plus délicat pour la culture.

ROSIER DES PARFUMEURS.

Il en existe une autre espèce qui m'a été donnée sous le nom de Rose de Pluteau, ou de Rose des Parfumeurs. C'est peut-être la plus odorante de tout le genre ; elle est cultivée, sur-tout à Pluteau, près Paris, pour sa fleur qui se vend aux marchands parfumeurs de cette capitale.

Le bois est moins épineux que celui des quatre espèces qui viennent d'être citées.

Les branches en sont plus minces, et pas aussi rapprochées.

La couleur de ses fleurs est d'un rose tendre, moins foncée que celle des espèces précédentes.

Ses fleurs, au nombre de huit, dix, douze et quinze sur le même pétiole, forment une espèce de corymbe lâche, qui n'est pas sans élégance.

Ce Rosier pousse plus vigoureusement que les deux précédens ; il est moins délicat. Il mérite bien d'être plus cultivé dans les jardins et bosquets, principalement pour son parfum.

Greffé sur églantier, il se dessine bien et se forme une belle tête.

Les espèces ou variétés suivantes peuvent encore être classées avec les précédentes.

TOUS MOIS,

COULEUR GRISE, A FLEURS DOUBLES COURONNÉES.

Bois et feuilles des Tous Mois, moins armé d'aiguillons, d'un vert glauque ou cendré.

Calice très-allongé, ainsi que ceux de l'espèce.

Bouton rond, bien couronné des membranes du calice joliment découpées, elle dépassent et accompagnent la fleur.

Cette dernière est aussi double qu'une Cent Feuille, d'un joli rose tendre, fleurissant vers le 10 Juin.

Elle peut être mise au nombre des jolies de l'espèce.

GALLICA ALBA,

FLORE PLENA.

Ce Rosier ressemble aux Tous Mois par son bois, ses feuilles et ses aiguillons.

Il en diffère par la forme de son calice qui est moins allongé et plus renflé, et par celle du bouton qui est moins pointu.

Les fleurs ne viennent pas en aussi grand

nombre sur le même pétiole, elles sont très-doubles, et souvent elles ont dans leur milieu des rudimens d'autres fleurs. Elles sont blanches, avec quelques teintes de rose; c'est une variété hibride qui aurait pu être classée parmi les originales de l'espèce; elle ressemble un peu à la Francfort Agathée.

DAMASCENA,

FOLIO VARIEGATA.

Bois fort et vigoureux, presqu'entièrement recouvert d'aiguillons d'un brun rouge.

Feuilles grandes, presque rondes, d'un beau vert foncé.

Calice également recouvert d'aiguillons très-allongés, semblables à ceux du bois, mais moins forts.

Boutons pointus, bien recouverts des membranes du calice, au nombre de vingt-cinq à trente sur un pétiole commun divisé en quatre ou cinq, et encore subdivisé.

C'est la variété qui en donne la quantité la plus nombreuse.

Fleur de moyenne grandeur, double, d'un beau blanc panaché, d'un rose tendre, très-odorante.

On peut lui accorder la palme des *Damascena*, tant pour le feuillage que pour les couleurs de la fleur et la quantité qu'elle en produit.

Elle s'épanouit du 10 au 15 Juin.

Deux espèces m'ont encore été données sous le nom de *Damascena*.

CARNEA VIRGINALIS.

La première, dite *Carnea Virginalis*, en français, la Virginale.

Le bois ressemble à celui des Tous Mois, mais moins garni d'aiguillons.

Les feuilles sont ovales, profondément dentelées, d'un vert cendré.

Le calice est long, resseré du haut.

Le bouton de la fleur est pointu, d'un rose tendre.

La fleur est de moyenne grandeur, bien faite, couleur de chair tendre, il en naît trois à quatre sur le même pétiole. Le nom de Virginale lui convient assez à cause de sa couleur.

DAMASCENA ARGENTEA.

La deuxième, dite *Argentea*, en français, l'Argentée; elle m'a aussi été donnée sous le nom de *Corimbosa*: ces deux noms peuvent lui convenir, le premier à cause de la couleur de la fleur, le deuxième à cause de la forme de ses fleurs dont la réunion sur le même pétiole, au nombre de six à dix, forme une espèce de corymbe.

Ses branches se dessinent bien en tête d'oranger, quand il est greffé sur églantier.

Ce Rosier y pousse vigoureusement, s'y soutient, et donne une prodigieuse quantité de fleurs presqu'aussi belles et aussi grandes que la Rose à Cent Feuilles.

Il paraît être une variété hibride, produite par le mélange des poussières de Tous Mois avec quelques espèces de Rosiers à Cent Feuilles qui fructifient, telles qu'Agathes, Sans Pareilles.

Le bois est presqu'aussi garni d'aiguillons que celui des Tous Mois.

Les feuilles en sont ovales, pointues.

Les boutons sont couronnés par les folioles ou découpures du calice. Ce dernier est rond et presque glabre.

Les feuilles et les fleurs sont légèrement glauques.

Ce Rosier mérite, sous bien des rapports, d'être cultivé, sur-tout greffé sur églantier.

PORTLANDICA

SEMPER FLORENS.

Je ne puis terminer l'article de la description des Tous Mois qui sont à ma connaissance, sans parler de la *Portlandica semper florens*, qui est une des plus frappantes par l'éclat de sa couleur, et le mérite précieux de fleurir au printemps et à l'automne.

Les feuilles en sont ovales.

Les aiguillons qui recouvrent le bois sont

entremêlés de courts et de longs, recourbés, couleur de chair sur le jeune bois.

Les boutons de la fleur, pointus, sont surmontés et couronnés de folioles larges, profondément dentelées, formées par le prolongement du calice.

Cette Rose, qui n'est que semi-double, est d'un grand éclat; sa couleur est d'un beau rouge qui la fait distinguer et remarquer parmi toutes les autres espèces, principalement à l'automne, où l'on n'en trouve plus de cette couleur.

Ce Rosier, greffé sur églantier, forme une belle tête, et se gouverne facilement par la taille.

Avant que la saison des fleurs des Tous Mois et *Damascenà* soit finie, celle des Cent Feuilles commence à paraître.

C'est principalement dans cette classe que la déesse des fleurs développe avec pompe le magnificence de son luxe par la richesse et la vivacité des couleurs qui embellissent les jardins à cette époque.

On peut comprendre dans cette classe les Hollande, les Sans Pareilles, les Agathes, les Junons, les Mousseuses, les Uniques, les Bipennées, les Œillets, les Renoncules, les Sultanes, ou Mahœca, les Pourprées, et autres espèces qui vont être décrites.

HOLLANDE.

Les Hollande paraissent, par leur précocité sur les autres, devoir faire l'ouverture de cette scène charmante.

On en compte trois variétés qui se distinguent par le volume des fleurs plus ou moins grandes.

Les bois, feuilles, aiguillons et calice sont de la même forme et espèce que des Cent Feuilles, et il est inutile de les décrire.

Les branches en sont plus divergentes; les fleurs, beaucoup plus nombreuses que dans les Cent Feuilles, sortent tout le long des branches, et en forment des espèces de guirlandes, elles exhalent un parfum agréable.

Elles sont très-doubles, quelquefois elles crèvent en s'épanouissant, sur-tout quand la saison est pluvieuse.

Leur couleur est d'un rose plus foncé que celle des Cent Feuilles.

Les pétales sont en coquilles, parsemés de veines plus foncées que leur couleur naturelle.

Ces espèces tracent beaucoup, et deviennent pour ainsi dire incommodes dans les petits jardins.

CENT FEUILLES.

Je ne m'arrêterai pas à développer les caractères de la Cent Feuille ordinaire si généralement répandue; il en est néanmoins des variétés plus ou moins belles, mais je n'ai pu encore les saisir toutes, et les classer à la place qu'elles devraient occuper.

Si j'osais, je ferais cependant quelques reproches à ce Rosier auquel néanmoins tout le monde semble accorder la palme, si on en excepte quelques amateurs.

D'abord cet arbrisseau ne forme pas d'aussi beaux buissons et d'aussi belles touffes que beaucoup d'autres espèces, notamment que les Tous Mois.

Ses fleurs ne sont pas accompagnées d'assez de feuilles ; cet ornement les ferait ressortir et valoir davantage.

Le bois en devient souvent galeux, meurt tous les deux ans, à-peu-près, et a besoin d'être renouvellé.

Ses boutons n'ont pas la légèreté et l'élégance de ceux desTous Mois, et ne forment pas d'aussi jolis bouquets.

Leur parfum ne me paraît pas aussi délicat.

MOUSSEUSE.

La variété connue sous le nom de Mousseuse, nous dédommage bien de ses légers défauts par la beauté de son feuillage et de ses boutons; la nature semble avoir voulu la placer sur un léger duvet que l'on a appellé mousse, d'où lui est venu son nom. Elle se fait remarquer par la vivacité de ses couleurs, l'élégance de ses formes, la fraîcheur de son coloris, et par le baume parfumé qu'exhalent toutes ses parties. Ce Rosier peut être regardé comme le phénix du genre; mais il ne prospère pas toujours, greffé sur églantier, et n'y forme pas une belle tête, pourquoi les amateurs préfèrent cultiver cette espèce franche de pied ; mais elle donne peu de rejettons ou drageons, et son bois est deux ans à prendre racine, quand on veut la multiplier de couchage.

On prétend que la variété à fleurs blanches existe, mais je n'ai pu encore me la procurer.

Une nouvelle espèce, encore très-rare, pourra lui disputer la palme aux yeux de quelques amateurs, c'est la *Centifolia Bullata*, en français, à feuilles bouillonnées.

CENTIFOLIA BULLATA.

Ce Rosier est de la classe des Cent Feuilles, il en a tous les caractères ; il en diffère par son feuillage, qui est d'une grande beauté, large, bouillonné comme une feuille de laitue ou de choux.

La fleur, qui s'épanouit à la même époque que celle des Cent Feuilles, est de la même grosseur, forme et couleur, son parfum est aussi suave.

La *Bullata* réunit des agrémens que ne possède pas la Cent Feuilles, c'est d'avoir les branches plus rapprochées et moins divergentes, et par conséquent de former une plus belle tête greffé sur églantier, d'avoir un feuillage plus beau et plus rapproché de la fleur.

Cette variété figurera toujours et sera d'un grand effet dans les massifs d'arbrisseaux d'ornement, par ses feuilles uniques dans leur genre. Elles sont si volumineuses que leur pétiole ne peut les soutenir ; celles du bas des branches retombent avec grâce sur la tige ; souvent elles ont dix à onze pouces de long, sur six, sept et huit de large.

Pour juger combien la nature s'est plû à se jouer dans la production des Rosiers, il faut joindre à celle-ci deux espèces, ou variétés, également de la classe des Cent Feuilles.

CANABINA.

La première est la *Canabina*, ou à feuilles de chanvre. Elle est aussi singulière que la précédente, mais ne produit pas à beaucoup près les mêmes effets.

Le bois en est très-mince et délié ; les feuilles sont absolument les mêmes que celles du chanvre, longues, déliées, pointues et dentelées.

Je ne puis rien dire de la fleur, ne possédant le Rosier que depuis deux mois ; mais on m'a assuré que c'était une Cent Feuilles.

BIPENNÉE.

La deuxième est la Bipennée, connue aussi sous le nom de Rosier à feuilles de persil et à feuilles de groseillier.

Son bois ni ses aiguillons n'ont rien de remarquable.

Ses feuilles sont divisées en deux ou trois segmens, profondément découpées, dentelées et surdentelées, bordées et panachées, lors de la pousse, d'un brun clair; ces petits agrémens seuls doivent la faire rechercher.

Quelquefois aussi quelques feuilles de ce Rosier reprennent plus ou moins la forme de celles des Cent Feuilles, ce qui annonce qu'il est le type originaire de cette variété, et lui donne une singularité de plus.

Les boutons en sont jolis ainsi que la fleur qui ressemble à une petite Cent Feuilles, pour la tournure, le coloris et pour le parfum.

On peut encore rapporter à la classe des Cent Feuilles les espèces suivantes.

CAPRICORNUS,

ROUGE VIF.

Le bois et les feuilles n'ont rien de remarquable; ils sont d'un vert glauque.

Le calice est rond, le bouton pointu, recouvert des membranes du premier.

La fleur bien double et d'une belle forme, de deux pouces de diamètre, d'un rouge vif, éclatant, et d'une odeur agréable.

Cette Rose peut être mise au nombre des jolies de l'espèce.

PRINCEPS NOBILIS,

ROUGE CLAIR.

Bois et feuilles déliés, n'ayant rien de remarquable.

Bouton et calice ronds.

Fleur de moyenne grandeur, double, bien faite, d'un rouge clair, d'une odeur douce et agréable, fleurissant, ainsi que la précédente, vers le 10 au 15 Juin.

CARMIN BRILLANT,

ROUGE VIF.

On peut appliquer aux bois, feuilles, calice et bouton ce qui a été dit du précédent.

La fleur en est plus grande, portant trois pouces de diamètre, également d'une belle forme, d'un beau rouge carmin, vif et brillant.

Cette Rose, assez odorante, a de l'éclat, et mérite d'être cultivée.

MADRÉE,

PALE ET ROUGE.

Bois mince, d'un vert cendré, armé d'aiguillons passablement longs et flexibles.

Feuilles

Feuilles longues, dentelées, pointues, d'un vert cendré, presque glauque.

Calice ovale, resserré du haut.

Bouton de même forme, peu recouvert.

Fleur de deux pouces et demi à trois pouces de diamètre, pas très-double, pétales échancrés, d'un beau rouge, divisés dans leur longeur par une raie blanche.

Ces couleurs sont relevées par des étamines d'un beau jaune.

Cette Rose, qui s'épanouit du 5 au 10 Juin, est agréable et d'un grand effet.

Le nom de pâle ne peut lui être attribué qu'à raison de son bois et de son feuillage.

PALE, ROUGE NOUVEAU.

Le bois est peu armé d'aiguillons.

Les feuilles sont pointues, jolies, d'un beau vert.

Le calice est renflé, ses membranes bien découpées couronnent le bouton qui est rond.

La fleur est très-jolie, bien double, sans étamines, d'un beau rouge éclatant nuancé de blanc; plate, de la forme d'une cocarde, de trois pouces de diamètre: elle est d'une odeur douce, fleurit du 10 au 15 Juin.

Elle tient bien sa place dans le nombre des belles de l'espèce.

On ne voit pas ce qui a pu lui faire donner le nom de pâle rouge, étant au contraire éclatante.

MARMORIA BELGICA.

Le bois et les feuilles n'ont rien de remarquable.

Calice rond et glabre.

Bouton pointu.

Fleur de trois pouces de diamètre, couleur lilas foncé, pétales du tour larges, en proportion des autres qui sont petits et frisés dans le milieu.

Elle est odorante, et s'épanouit du 10 au 15 Juin.

VICTORINE LA COURONNÉE.

Charmante espèce dont le bois est mince et délié, presque sans aiguillons.

Les feuilles sont presque rondes, profondément dentelées, d'un beau vert, très-rapprochées des fleurs : ce qui est un agrément.

Calice rond, resserré du haut.

Bouton de la même forme, bien couronné des membranes du calice découpées en plumes, portant plus d'un pouce de long.

Fleur de la forme des Cent Feuilles, de deux pouces et demi de diamètre, d'un rose un peu plus tendre, très-odorante, fleurissant dans la même saison.

C'est aussi dans cette saison que nous jouissons des Uniques, au nombre de trois variétés

NIVEA,

UNIQUE BLANCHE.

La première, nommée par M. Dupont, *Nivea*, et plus généralement Unique Blanche, a le bois armé d'aiguillons nombreux, larges à leur base, rouges, très-aigus, d'un vert blanchâtre, et peu recourbés.

Les feuilles sont ovales, presque rondes, profondément dentelées, bordées de rouge brun.

Le calice, également ovale, est recouvert, ainsi que son pétiole, de poils de même couleur.

Les boutons en sont presque ronds, peu recouverts, rouges à l'extérieur : en les voyant on est tenté d'attendre une fleur rouge lors de l'épanouissement ; mais on est agréablement surpris par son blanc mat ; elle est grande, les pétales en sont étoffés et veloutés.

Si cette Rose n'est pas aussi double que la Cent Feuilles, on en est bien dédommagé par ses autres agrémens.

UNIQUE CARNÉE.

La deuxième diffère de la précédente par son feuillage qui est plus allongé, par ses fleurs qui sont plus grandes et par leur belle couleur carnée.

On ne peut rien voir de plus frais que cette Rose; les pétales en sont transparens comme de la porcelaine.

Il paraît que c'est M. Villemorin-Andrieux qui l'a mise dans le commerce où on lui donne encore le nom de Belle Villemorin; c'est un joli cadeau qu'il a fait aux amateurs.

Cette Rose joue quelquefois et donne dans la même fleur des pétales moitié roses, moitié carnés.

UNIQUE ROSE.

L'Unique rose, ou Unique anglaise, sans avoir tout le mérite rare des précédentes, n'est pas néanmoins à dédaigner.

Ses feuilles sont également bordées de rose, accompagnées de petits poils cendrés.

La fleur, odorante, d'une jolie couleur rose, n'est pas très-grande, elle ressemble à la Cent Feuilles, dont elle a tous les agrémens.

M. Dupont, déjà cité comme grand amateur de Roses, vient de mettre dans le commerce une nouvelle espèce qui peut rivaliser avec les trois précédentes, et se placer dans la même classe.

ALBA NOVA COELESTIS.

Il l'a nommée *Alba Nova Cœlestis*, en français, Nouvelle Rose Blanche Céleste.

Le bois et le feuillage n'ont rien de remarquable.

Ses fleurs sont d'un blanc extrêmement tendre et léger ; on aperçoit sur les pétales, à certaines incidences du soleil, un reflet bleu d'azur qui lui a valu son surnom de céleste.

Dans la réalité, c'est une variété extrêmement jolie et d'une grande finesse : néanmoins elle ne plaît pas généralement à tous les amateurs, dont plusieurs n'y voient point ce reflet bleu, qui en fait le plus grand mérite ; mais je crois avoir remarqué que cet agrément tient principalement à l'exposition et à la culture. Ce Rosier veut être au grand air et au soleil, dans un terrein plutôt sec qu'humide.

BELLE AURORE.

Cette espèce ne peut manquer de plaire aux amateurs de couleurs tendres, qui tiennent aussi au parfum des Roses.

Le bois, presque glabre, ressemble à celui de la Sans Épines de la Chine.

Les feuilles petites, ovales, finement découpées, ou dentelées, bien détachées de leur pétiole, se replient sur elles-mêmes ; elles sont d'un vert glauque.

Le calice, très-allongé, est recouvert, ainsi que son pétiole, d'aiguillons bruns.

Le bouton est pointu.

La fleur, de trois pouces de diamètre, n'est pas très-double ; mais sa grande fraîcheur ne dément point le beau nom qui lui a été donné.

Elle peut entrer en parallele avec l'Unique Carnée, sous le rapport des agrémens; elle mérite, à mon avis, la préférence par la suavité de son parfum.

Ce sont deux rivales parées des grâces de la pudeur et de la modestie.

On peut encore ranger dans cette classe les trois espèces qui suivent.

HENRIETTE,

BIFERA ITALICA.

Bois fort et vigoureux, peu garni d'aiguillons.

Feuilles très-belles, profondément découpées, d'un vert gai.

Calice gros, allongé, glabre, point resserré du haut.

Bouton pointu, d'une belle forme, recouvert des membranes de son calice; il y en a sept à huit sur le même pétiole.

La fleur en est grande, pas très-double, mais bien faite, d'une belle couleur rose tendre, très-odorante, fleurissant du 10 au 15 Juin.

Une seule branche, par l'accompagnement de ses feuilles et boutons à demi-épanouis, peut former un bouquet agréable.

ALBA EX ROSEA.

Ce Rosier a le bois, les feuilles et aiguillons du Rosier blanc.

Le calice est long, resserré du haut, et le bouton pointu.

La fleur, de quatre pouces de diamètre, n'est pas très-double, mais on en est bien dédommagé par sa belle forme, la fraîcheur de sa couleur qui approche de celle de l'Unique Carnée, et par son parfum; les pétales en sont grands, bien faits, ceux du tour échancrés dans le milieu. Elle s'épanouit du 10 au 20 Juin, et peut être placée dans le nombre des élégantes et fraîches.

ALBA SUR VIRIDI.

Le bois et le feuillage ressemblent à celui des Agathes.

Le bouton est allongé, resserré du haut.

Le calice est de la même forme.

La fleur, de moyenne grandeur, est bien double, couleur de rose tendre; les pétales sont frisés comme ceux des Agathes. Ceux du dessous, tenans au calice, sont d'un joli vert gai, caractère distinctif de cete variété, qui lui a valu son surnom. Elle est d'une odeur douce, et fleurit vers le 20 Juin.

L'œil, en quittant la délicatesse des couleurs qui viennent d'être dépeintes, en rencontrera sans doute avec plaisir des tranchantes, qui fleurissent à la même époque, et qui, mariées ou greffées ensemble sur la même tête, forment des contrastes frappans que l'on ne peut s'empêcher d'admirer.

Les variétés de ce genre sont nombreuses, et il n'est pas aisé de les ranger avec ordre; elles sont en général riches en couleur.

VELOURS POURPRE.

Ce nom donné à ce Rosier lui est bien appliqué.

Le bois en est vert, garni d'aiguillons bruns et petits.

Les feuilles sont allongées, resserrées à la base.

Le calice est allongé, recouvert de poils bruns.

Le bouton est presque nud.

La fleur n'a guères qu'un pouce et demi de diamètre, elle est très-double, d'un beau pourpre foncé et velouté; les pétales en sont frisés et renversés sur le calice.

SUPERBE EN BRUN.

Ce Rosier diffère du précédent par ses aiguillons plus larges à leur base, et presque toujours géminés.

La fleur a deux pouces de diamètre, assez double, aplatie; les pétales sont d'un pourpre velouté, foncé, recouvrant le peu d'étamines qui lui restent.

MAHŒCA.

La Mahœca, ou Belle Sultane, se classe naturellement à côté de la précédente, elle en diffère par les aiguillons qui sont petits, fréquens et bruns, la pointe verte, un peu recourbée.

Les pétales de la fleur, qui est de même grandeur que la précédente, sont frisés et découpés, d'une belle couleur pourpre, qui prend un beau vėlouté quand le soleil l'a animée.

Cette Rose peut être aisément confondue avec une autre espèce tirée du jardin du Muséum d'Histoire Naturelle de Paris, qui m'a été donnée sous le nom de Manteau Pourpre.

MANTEAU POURPRE.

La fleur, de même grandeur, est d'une forme très-élégante; sa couleur est d'une grande fraîcheur, d'un rose foncé et brillant.

Elle n'est pas très-double, mais elle exhale un parfum fort agréable.

Les pétales du pourtour de la fleur sont bordés d'un rouge plus foncé que ceux de la Mahœca; le dessous en est glacé, c'est sans doute cette marque distinctive qui lui a valu la dénomination de Manteau Pourpre, qui cependant ne lui convient guères, car elle n'est point pourpre; ses pétales sont frisés, découpés, placés sur le calice avec grâce.

Du reste ce Rosier n'a rien de remarquable dans son bois ni son feuillage. Ce dernier est néanmoins assez élégant; les feuilles sont allongées, dentelées profondément, d'un vert brillant.

Le calice de la fleur est rond, bien fait.

Ses boutons ont de la grâce, quoique peu recouverts des membranes du calice.

En général, ce Rosier est une des espèces les plus parfaites que nous ait donné la culture; il fleurit vers le 30 Mai.

BELLE BRUNE.

La Belle Brune a les mêmes caractères que la Mahœca, elle en diffère en ce qu'elle est veloutée aussi-tôt que son bouton commence à s'épanouir, au lieu que l'autre ne le devient que lorsqu'elle est entièrement fleurie et frappée du soleil. Les pétales de la fleur larges et étoffés semblent avoir été taillés dans une pièce de velours cramoisi.

Cette espèce peut être mise au nombre des belles; elle est d'une odeur douce et agréable.

EVÊQUE.

L'Évêque, de la même classe, a le bois et le feuillage des Provins, mais cette Rose est plus tardive à la floraison; elle a au moins deux pouces de diamètre, très-double.

Les pétales, d'un beau pourpre velouté, sont d'une belle forme. Elle a une odeur douce.

SUBNIGRA,

MARON.

La *Subnigra* Maron, appelée par quelques amateurs Négretienne, sans doute à cause de sa couleur d'un brun foncé, velouté, tirant sur le noir, fleurit à la même époque.

Cette Rose est regardée par M. Dupont, déjà cité dans cet ouvrage, comme une des belles de sa nombreuse collection, et c'est avec justice.

Le bois en est vert, armé d'aiguillons bruns, de différentes grandeurs.

Ses feuilles sont d'un beau vert, allongées, profondément dentelées.

Le bouton est rond, un peu pointu, peu recouvert des membranes du calice.

Ce dernier est renflé, rond, resserré du haut et du bas.

La fleur, peu odorante et pas très-double, qui paraît au 15 de Juin, est d'une belle forme, d'un brun foncé, velouté, presque noir, ainsi qu'on l'a dit plus haut.

SANS PAREILLE POURPRE.

La Sans Pareille Pourpre, qui fleurit à la même époque, fin de Juin, mérite bien le beau nom qui lui a été donné.

Il en est peu qui puissent rivaliser avec elle pour la beauté des formes et la richesse des couleurs.

Le bois est fort et vigoureux, armé d'aiguillons rouges, droits et pointus, de différentes grandeurs.

Les feuilles sont allongées, pointues, dentelées régulièrement, presque toujours au nombre de cinq sur le même pétiole.

Le calice et le bouton de la fleur sont ovales.

Celle-ci est d'un superbe violet velouté ; les pétales de la circonférence se renversent sur le calice, les autres se relèvent en sens contraire, ce qui lui donne la forme d'une espèce de Pompon, caractères qui lui sont particuliers ; elle est d'une odeur agréable.

Cette Rose est une des plus parfaites de la nombreuse famille.

Elle se greffe et se soutient bien sur églantier, elle produit un grand effet mariée sur le même pied avec l'Unique blanche et l'Unique carnée ; elles fleurissent en même temps et forment un contraste charmant.

Il en existe une belle variété, très-estimée, sous le nom de Sans Pareille Rose.

SANS PAREILLE ROSE.

Le bois, les feuilles, les calices et boutons sont les mêmes que dans l'espèce précédente ; les aiguillons en sont cependant moins nombreux.

Le fleur en est grande, bien double, d'un rose tendre dans le milieu, qui diminue insensiblement jusqu'aux pétales extérieurs qui sont presque blancs ; elle est très-odorante.

Ce Rosier donne vers la fin de Juin une quantité de fleurs étonnante.

Je ne connais pas d'espèce qui pousse aussi vigoureusement que celle-ci, souvent ses jets de l'année ont cinq, six pieds, et plus.

Greffé sur églantier où elle réussit parfaitement, elle pourrait former des berceaux et allées couvertes.

BELLE VIOLETTE.

Ce Rosier ressemble, pour le bois, les feuilles, les calices et boutons, aux espèces décrites avant les deux dernières.

Ses fleurs, grandes, en diffèrent en ce que les pétales, également violets, sont couronnés par un blanc rose, et qu'elles portent le rudiment d'une autre fleur.

RENONCULE.

Le bois en est délicat, ses aiguillons sont petits, droits, nombreux, bruns.

Les feuilles sont ovales, terminées en pointe obstuse, bordées de rose, finement dentelées.

Les fleurs sont d'un beau pourpre clair, de la grandeur et de la forme d'une moyenne renoncule, tellement doubles qu'il semble qu'on a pris plaisir à attacher deux fleurs sur le même pétiole, et à presser les pétales les uns sur les autres ; il court sur le bord de ces derniers une légère teinte de blanc qui n'est pas sans agrément.

Quelques fleurs offrent aussi les rudimens de nouvelles fleurs, et sans doute que ce Rosier deviendrait prolifère par une culture soignée.

ŒILLET.

Cette espèce, ou variété, quoique bien différente de la précédente, semble devoir être placée à côté, comme les Œillets succèdent aux Renoncules, dans l'ordre de la floraison.

C'est une mignature que M. Dupont a mise dans le commerce sous le nom d'*Onquiculata Cariophillata*.

Il est peu de variétés qui aient un aussi beau feuillage que celle-ci.

Comme elle ne peut être confondue avec aucune autre, nous ne parlerons que de sa fleur.

Elle est petite, d'un joli rose fouetté de blanc; les pétales sont découpés ou dentelés sur les bords, le bas en est terminé en onglet, comme dans les Œillets. Dans la réalité, elle ressemble plus à cette dernière fleur qu'à une Rose. Cette singularité seule doit la faire rechercher avec d'autant plus de raison que sa forme est agréable et son feuillage beau; enfin elle est assez odorante.

Je vais placer à la suite de cette variété plusieurs autres dont les couleurs sont également mélangées ou nuancées du plus au moins.

BELLE AIMABLE,

PALE, ROUGE PANACHÉ.

Bois délicat, mince et délié.

Feuilles d'un vert jaunâtre assez gai, agréablement dentelées.

Calice bien arrondi, bouton de même forme.

Fleur de la grandeur des Pompons, d'un joli rouge pâle panaché de blanc, d'une odeur douce et agréable.

Cette Rose peut être envisagée comme une beauté de caprice, elle est mignonne, délicate, fraîche et gentille.

Elle fleurit vers la fin de Mai.

PANACHÉE SUPERBE.

Le bois et les feuilles de ce Rosier n'ont rien d'extraordinaire, ni ses calices et boutons ; mais la fleur, double, de trois pouces de diamètre, est d'une belle forme.

Les pétales en dessus sont d'un pourpre velouté très-foncé ; en dessous ils tirent sur un beau rouge : quelques-uns se présentent retournés naturellement, ce qui forme un beau contraste par le mélange des deux couleurs, caractère distinctif de cette Rose. C'est une vraie fleur d'amateur, à raison de sa couleur ; elle a en outre un parfum fort agréable, et s'épanouit vers le 10 de Juin.

OMBRE PANACHÉE,

NOIR POURPRE PANACHÉ.

Bois fort et vigoureux, tirant sur le brun.

Feuilles allongées, bien faites, dentelées régulièrement.

Calice et bouton ronds peu recouverts. Fleur de quatre pouces et plus de diamètre, passablement double, très-odorante, d'une belle couleur pourpre velouté, tirant sur le noir ; pétales étoffés, dont quelques-uns se présentent retournés, ainsi que dans l'espèce précédente, qui par leur mélange avec ceux qui sont dans leur position naturelle, rendent cette Rose panachée.

C'est une des belles espèces que l'on puisse cultiver, sur-tout à raison de sa grandeur.

BEAUTÉ INSURMONTABLE,

POURPRE.

Aux yeux de certains amateurs cette Rose pourra mériter le grand nom qui lui est donné. La fleur, bien double, plus grande que celle du Bordeaux, présente trois couleurs ; le fond est pourpre, mélangé ou panaché de rose foncé et rose tendre ; les pétales en sont frisés et renversés sur le calice ; elle est d'une odeur douce et agréable, s'épanouissant du 1.er au 10 Juin. Elle peut être mise au nombre des jolies.

OMBRE SUPERBE,

POURPRE NOIR TRÈS-JOLI.

Cette variété, ainsi que la précédente, ne démentent point les noms qui leur sont donnés. Elle est intéressante par son feuillage qui est presque rond, d'un beau vert, dentelé régulièrement, et accompagnant bien les fleurs et les boutons; ces derniers sont au nombre de sept à huit sur le même pétiole, bien couronnés des membranes du calice.

La fleur est une des plus grandes de l'espèce, presqu'aussi double qu'une Cent Feuilles, d'un beau pourpre noir: quelques pétales sont nuancés de blanc, ce qui n'est pas sans agrément; ceux du centre recouvrent le petit nombre d'étamines qui lui restent; c'est une fleur d'amateur qui s'épanouit du 1.er au 10 Juin.

BELLE PANACHÉE,

ROUGE PANACHÉ.

Le bois et les feuilles de ce Rosier ont à-peu-près les mêmes caractères que le précédent.

La fleur mérite d'être cultivée, elle porte environ trois pouces de diamètre, d'une belle couleur pourpre clair, velouté.

Le pétiole des pétales est d'un beau blanc qui se prolonge dans le milieu de plusieurs d'entre-elles, ce qui lui a valu sans doute le nom de Belle Panachée; elle exhale en outre un parfum assez agréable, s'épanouit à la même époque que la précédente, et peut être rangée dans la classe des belles.

CRAMOISIE TRIOMPHANTE,

LA PLUS ÉCLATANTE, SUPERBE.

Bois et feuilles des Provins, mais dans des proportions moins fortes.

Calice rond, bouton recouvert, pointu, fleur de la grandeur des Bordeaux, couleur cramoisie, éclatante, mélangée ou panachée de couleur moins foncée, odeur agréable.

Elle peut être placée dans la classe des jolies.

BOUQUET CHARMANT,

PALE, ROUGE SUPEBBE.

Les bois, feuilles, calices et boutons n'ont rien de remarquable.

La fleur, de deux pouces de diamètre, est bien double, d'une belle forme, pétales frisés, d'un rouge brillant à travers lequel il court des nuances blanches.

D'une odeur agréable; elle peut être mise au nombre des jolies, et s'épanouit vers le 10 de Juin.

ROUGE GLORIANTE.

Les espèces ou variétés suivantes peuvent encore être classées avec les précédentes, parce que leurs couleurs sont également mélangées.

Bois et feuillage déliés, d'un vert gai, calices et boutons petits et ronds.

Fleur de deux pouces de diamètre, bien double, d'une jolie forme, pétales bien faits, placés avec ordre, d'un beau rouge pourpre glacé, veiné d'un rouge moins foncé ; c'est encore une jolie variété.

VIOLETTE ET ROUGE.

Le bois, les feuilles, calices et boutons n'ont rien de remarquable.

La fleur en est grande, les pétales larges, échancrés, mélangés ou panachés de rouge et violet, il y court aussi quelques nuances blanches.

Elle est odorante et s'épanouit vers le 15 Juin.

Je vais placer à la suite de ces variétés celles à couleur foncée, sans mélange, qui fleurissent à peu-près dans la même saison.

POURPRE CHARMANT.

Le Pourpre Charmant doit y figurer avec avantage.

Le bois, les feuilles, le calice et le bouton n'ont point de caractères remarquables, mais les fleurs, des plus grandes de l'espèce, portent de trois à quatre pouces de diamètre ; les pétales en sont larges, étoffés, brillans, d'un beau pourpre foncé, velouté ; elles ont une odeur douce.

Cette espèce greffée sur églantier, y forme une

très-belle tête, donnant beaucoup de fleurs; on la connaît aussi sous le nom d'Archevêque.

ROUGE FORMIDABLE.

Cette variété est dans le même genre, mais moins grande, sa couleur est d'un brun foncé, les pétales en sont frisés; elle produit également beaucoup d'effet greffée sur églantier.

ROXELANE,

GRANDE, VIOLETTE ET BELLE.

Nouvelle espèce, ou variété, qui a fleuri pour la première fois en 1811, qui n'est point encore dans le commerce.

Ce Rosier a le port, le bois, les feuilles, boutons et calices de la Mahœca, ou Belle Sultane, mais dans des proportions plus grandes et plus fortes.

Il s'annonce comme pouvant s'élever en tige franc de pied.

La fleur est beaucoup plus grande, sa couleur est un peu moins foncée; mais son parfum est plus fort et plus suave.

Ce Rosier méritera les soins de l'amateur, il formera une belle tête greffé sur églantier, donnera une grande quantité de fleurs; elles sont au nombre de cinq à six sur le même pétiole; bien accompagnées du feuillage, une seule branche présente un bouquet tout fait.

ALECTOR CRAMOISI,

MAJOR.

Cette variété n'a rien de marquant dans ses bois, feuilles, calices et boutons.

La fleur en est grande, double, d'un beau rouge cramoisi, éclatant, velouté. Greffée sur églantier, elle produit un grand effet; les pétales en sont bien étoffés, son parfum est doux et agréable; il en est peu d'aussi éclatante.

AIMABLE POURPRE.

Le bois de ce Rosier est remarquable sur les pousses de l'année, par sa couleur et aiguillons bruns.

Le feuillage allongé, délié, finement dentelé, d'un vert brillant, est fort joli.

Le calice ainsi que le bouton sont ronds, écrasés.

La fleur, de trois pouces de diamètre, n'est pas très-double; mais on en est bien dédommagé par la richesse de sa couleur qui est d'un pourpre noir. Elle est passablement odorante; les pétales en sont grands, larges, étoffés: elle s'épanouit dans le commencement de Juin.

NOUVEAU MONDE,

GRANDE BRUNE.

Bois fort et vigoureux, presque sans aiguillons.

Feuilles ovales, d'un vert foncé, glauques en

dessous, grandement dentelées ; elles se reploient et se renversent sur leur pétiole.

Calice et bouton gros et ronds.

Fleur bien double, d'un violet pourpre, foncé et velouté ; pétales étoffés. Elle est d'une odeur douce et agréable : elle s'épanouit vers le 10 de Juin.

CRAMOISIE ÉBLOUISSANTE.

Bois d'un vert brun, presqu'entièrement garni de petits aiguillons flexibles.

Feuilles allongées, très-dentelées et surdentelées.

Calice et bouton ronds, peu recouverts.

Fleurs excessivement doubles, bien faites, de la grandeur du Bordeaux, d'un cramoisi éblouissant, tel que son nom l'annonce ; elle s'épanouit vers le 5 de Juin, et peut être comptée parmi les belles et jolies, tant pour sa forme que pour sa couleur.

ACHILLE,

SUPERBE BRUNE.

Les bois, feuilles, calices et boutons n'ont rien de remarquable ; mais la fleur est d'une grande beauté, quoique pas très-double ; elle a trois pouces de diamètre, d'une superbe couleur pourpre foncé et velouté sans aucune nuance ; les pétales en sont bien faits et bien étoffés.

C'est une Rose des plus parfaites qu'il soit possible de rencontrer dans son genre.

Elle jouit encore de l'avantage d'exhaler un parfum délicieux.

POURPRE ÉCLATANTE.

Bois fort et vigoureux, garni d'aiguillons bruns.

Feuilles allongées, d'un vert gai, dentelées régulièrement.

Calice et bouton ronds, gros, peu recouverts.

Fleur grande comme une Cent Feuilles, bien double, d'une belle couleur cramoisie pourprée, d'une odeur douce, fleurissant vers le 10 Juin. Elle peut être comptée parmi les belles.

BUSARD TRIOMPHANT.

Bois et feuilles d'un vert jaune.

Calice et bouton ronds, peu recouverts.

Fleur très-grande, de quatre pouces au moins de diamètre, assez double, d'un beau cramoisi velouté, d'une odeur douce, fleurissant à la même époque que la précédente.

Cette Rose est d'un grand effet.

MAJESTUEUSE.

Les bois, feuilles, calices et boutons n'ont rien de remarquable.

La fleur, de trois pouces de diamètre, est

bien faite, d'une belle couleur cramoisie ; les pétales en sont larges, étoffés et veloutés.

Elle est d'une odeur douce, et s'épanouit aussi vers le 10 Juin.

POURPRE,

BELLE VIOLETTE.

Bois fort et vigoureux, garni de petits aiguillons.

Feuilles ovales, dentelées, se reployant sur le pétiole.

Calice et bouton ronds, peu recouvérts.

Fleur de la grandeur d'un Bordeaux, très-double, d'un pourpre cramoisi dans le milieu, qui s'éclaircit insensiblement jusqu'aux pétales des extrémités qui sont bordés de blanc. Elle est odorante, et s'épanouit encore vers le 10 Juin.

ALEXANDRINE.

Bois fort et vigoureux, d'un vert brun, très-recouvert d'aiguillons de même couleur.

Feuilles, presque rondes, dentelées, d'un beau vert foncè, accompagnant bien la fleur.

Calice allongé, resserré du haut.

Bouton gros, peu recouvert.

Fleur de trois pouces de diamètre, d'une belle forme, cramoisie, veloutée sur les bords, d'un rouge de feu au milieu, à travers lequel il y a quelques

quelques nuances de blanc, qui font ressortir les couleurs éclatantes de cette Rose. Elle est assez odorante, fleurissant aussi vers le 10 Juin.

Cette espèce est superbe, et ne peut manquer de plaire.

NOUVEAU INTELLIGIBLE.

Bois délié, feuilles petites, ovales, très-gaufrées.

Calice et bouton ronds et renflés.

Fleur de trois pouces de diamètre, d'un beau violet foncé, bien double et odorante; fleurissant à la même époque que les précédentes.

PROVENCE,

CRAMOISIE VELOUTÉE, DOUBLE.

Le bois, les feuilles, les calices et boutons ont de la ressemblance avec toutes les parties du Rosier de Provins; mais la fleur diffère de celles à fleurs doubles de cette classe, en ce qu'elle est plus grande et s'épanouit plus tard; elle est d'un beau rouge cramoisi velouté.

Ce Rosier, greffé sur églantier, a de l'éclat, forme une belle tête, et peut figurer avec avantage.

CERISETTE LA JOLIE.

Bois vert, presque sans aiguillons.

Feuilles longues, pointues, très-dentelées,

repliées sur elles-mêmes , et recourbées sur leur pétiole.

Bouton rond, peu recouvert des membranes du calice.

Ce dernier est long, très-peu resserré du haut.

La fleur de moyenne grandeur, est double, d'une jolie forme, la couleur est d'un beau rouge cerise, presque carmin. C'est sans doute cette couleur qui l'a fait nommer cerisette; son odeur est douce, agréable, elle fleurit au 15 de Juin.

BEAUTÉ RENOMMÉE,

ROUGE.

Bois et feuilles d'un vert jaune, cendré et glauque.

Calice et bouton ronds, point recouverts.

Fleur de deux pouces de diamètre, bien double, d'une belle forme, d'un joli rouge pourpré, brillant, d'une odeur agréable.

Cette Rose mérite de trouver place dans les jolies de l'espèce.

Les suivantes, qui sont plus ou moins foncées en couleur rouge, peuvent être mises avec celles qui viennent d'être décrites.

BACCHANTE.

Bois fort et vigoureux.

Feuilles ovales, d'un vert jaune, bien dentelées.

Calice et bouton ronds, point recouverts.

Fleur de la grandeur du Bordeaux, ou Rosier des Dames, excessivement double, d'un violet vineux, ce qui lui a sans doute fait donner le nom de Bacchante.

Elle est d'une odeur douce, et s'épanouit vers le 10 de Juin.

BELLE PARADE,

CLAIRE INCARNATE, TRÈS-BELLE.

Bois fort et vigoureux, peu épineux, poussant avec force et abondance.

Feuilles ovales, dentelées.

Calice allongé.

Bouton de même forme, bien recouvert par les membranes du premier.

Fleur grande, bien double, couleur incarnat, ou cerise clair, très-odorante, venant au nombre de six à huit sur le même pétiole, vers le 5 de Juin.

Elle peut être placée dans la classe des agréables, pour sa forme, le nombre de ses fleurs et son parfum.

De ces espèces, je vais passer à la description de trois belles variétés qui m'ont été données sous le nom des déesses Pallas, Junon et Minerve; quoique fleurissant à des époques différentes, j'ai cru devoir les réunir à cause de leurs noms.

PALLAS,

OU REINE DES POURPRES.

Cette Rose mérite bien le nom qui lui est donné par sa grandeur, sa forme et sa riche couleur.

Son bois est armé de nombreux aiguillons bruns, flexibles et peu piquans.

Ses feuilles allongées sont d'un vert foncé.

Le calice est ovale, étranglé et resserré du haut et du bas.

Le bouton est rond, peu recouvert.

La fleur, très-double, sans étamines, est au moins aussi grande que celle du Poupre Charmant, mais un peu moins foncée en couleur. Elle s'épanouit plus tard; elle est d'une odeur douce et agréable.

C'est une des belles et grandes de l'espèce.

JUNON.

Il n'y a rien de remarquable dans son bois ni son feuillage; mais la fleur est d'une belle couleur rose foncé, souvent panachée de blanc; sa forme est très-agréable: greffé sur églantier, ce Rosier forme une tête bien arrondie, donne beaucoup de fleurs et flatte la vue.

MINERVE.

Celle-ci ressemble pour la forme, la couleur et l'époque de la floraison, à la précédente, elle en diffère néanmoins par son bois qui est plus délié, plus vert, moins garni d'aiguillons; par les feuilles qui sont moins grandes; par le calice qui est plus rond; par le bouton qui est plus recouvert et plus accompagné des membranes du calice, plus longues et plus découpées; par le parfum qui est moins fort Néanmoins elles peuvent être envisagées comme deux sœurs qu'il est difficile de distinguer au premier coup-d'œil, quoique la couleur de la Minerve soit un peu plus foncée que celle de la Junon.

Ce sont deux espèces, ou variétés, qui peuvent, ainsi que la Pallas, être placées dans la classe des belles.

Avant de passer aux espèces assez nombreuses des Agathes, je vais en décrire quelques variétés qui se rapprochent des Cent Feuilles par la forme et la couleur, telles sont les Perles dont il existe deux variétés.

PERLE DE VASEINGTEIN.

La première, nommée Perle de Vaseingtein.

Son bois est parsemé de très-petits aiguillons bruns, droits.

Ses feuilles sont allongées, d'un vert foncé, finement dentelées, portées sur un pétiole vert.

Le calice est rond, recouvert.

La fleur est de moyenne grandeur, bien faite, les pétales en sont frisés, d'un brun clair veiné d'un brun plus foncé.

PERLE DE L'ORIENT.

La deuxième m'a été donnée sous le nom de Perle de l'Orient.

Son bois et ses feuilles portent les caractères de la précédente.

Le calice de la fleur en est plus allongé.

Le bouton est rond, recouvert.

La fleur, très-odorante, est bien faite, de couleur de rose tendre.

Les pétales sont veinés d'un rose plus foncé.

Elle peut être mise au nombre de celles qui méritent d'être cultivées.

SOLEIL BRILLANT.

Le Soleil Brillant mérite de trouver sa place dans cette classe. Cette variété n'a aucun caractère assez frappant dans son bois, ses feuilles et ses aiguillons.

Les boutons de la fleur sont ordinairement d'un vert jaune, le calice est ovale.

Cette fleur est de la grandeur des Cent Feuilles et aussi double, sans étamines, d'un rose foncé, sans nuances, pétales frisés et chiffonnés. C'est une jolie variété, d'une odeur agréable.

BEAUTÉ TENDRE.

La beauté tendre fleurit à la même époque. Le nom sous lequel elle m'a été donnée semblerait annoncer une variété de couleur tendre; mais, au contraire, la fleur, grande, très-double, est d'un rose foncé; ses pétales sont larges, échancrés dans le milieu, d'un blanc vineux en dessous, veiné de rouge plus foncé en dessus; à travers ces couleurs il y court un mélange de blanc qui forme les caractères distinctifs de cette Rose.

CENT FEUILLES

A FEUILLES DE CHÊNE.

Le bois ressemble à celui de la Cent Feuilles ordinaire.

Les feuilles, qui ne ressemblent nullement à celles du chêne, sont belles, ovales, rapprochées du pétiole, bordées et fouettées de brun, dentelées profondément et surdentelées.

Les boutons en sont ronds, placés en ombelles de cinq à sept sur le même pétiole; couronnés par les divisions du calice qui sont très-découpées.

Ce dernier est rond et petit, glutineux, laissant aux doigts qui l'ont touché un parfum semblable à celui de la Rose Mousseuse.

La fleur est de moyenne grandeur, de la forme et couleur de la Cent Feuilles.

ORNEMENT DE PARADE.

Son bois est presque sans aiguillons, sur-tout celui qui donne des fleurs.

Les feuilles sont ovales, dentelées profondément.

Le calice est gros, vert, renflé, peu étranglé du haut.

Le bouton est rond, peu recouvert.

Le bourgeon est très-saillant.

La fleur est de la couleur de celle du Rosier Junon; elle ressemble pour la forme à celle des Agathes, mais elle est plus grande.

Cette Rose, d'une odeur douce et agréable, peut être mise au nombre des belles espèces, et mérite bien le nom qui lui est donné. Greffé sur églantier, cet arbrisseau y pousse vigoureusement et forme une tête bien arrondie.

GRANDE ET BELLE.

Ce Rosier ressemble au précédent, mais il pousse avec encore plus de vigueur, on peut même l'élever en tige franc de pied, ce qui est un avantage précieux.

Les feuilles en sont dentelées plus profondément.

Le calice et le bouton sont un peu plus ronds.

La fleur est de même forme et grandeur, mais la couleur en est un peu plus foncée; du reste on peut lui appliquer ce qui a été dit de l'Ornement de Parade.

ROSIER DES PEINTRES.

En général, on n'est pas parfaitement d'accord sur la dénomination de cette belle variété de

Rose à Cent Feuilles, appellée aussi souvent Grosse Hollande.

Ce Rosier a bien le port et le bois des Cent Feuilles ; les feuilles en sont cependant plus arrondies et dentelées moins profondément.

Ses boutons sont plus allongés, ainsi que les pétioles qui les soutiennent.

La fleur, moins matérielle, plus élégante, paraît dans la même saison vers la mi-Juin, elle prend la forme d'un vase, les pétales en sont plus frisés ; ceux du tour, au lieu de se relever et de se tenir droits, se renversent sur le calice, ce qui fait paraître cette Rose plus grosse. Dans la réalité elle ressemble à celles que l'on voit sur les tableaux des peintres.

Quelques amateurs donnent aussi comme Rose des Peintres celle appellée Feu Amoureux, qui va être décrite après l'Aimable Rouge, sur-tout à cause de sa grandeur et de son volume. Quelles que soient les dénominations auxquelles on s'arrête, il est constant que ce sont deux belles variétés qui sont d'un grand effet.

AIMABLE ROUGE.

Celle-ci se distingue par son bois qui est vert, armé d'aiguillons nombreux, recourbés.

Ses feuilles sont ovales, dentelées profondément.

Le calice est étranglé du haut, recouvert de points bruns.

Les boutons sont ronds, couronnés par les membranes du calice; à moitié épanouis ils sont d'une belle forme.

Les fleurs sont grandes, très-doubles, les pétales frisés, d'un rose moins foncé que la Cent Feuilles, mélangés de blanc, sur-tout au moment de l'épanouissement. Elles ont une odeur douce et agréable, fleurissent à la fin de Juin.

FEU AMOUREUX.

Son bois est également verd, armé d'aiguillons nombreux, larges à leur base et rouges.

Les feuilles sont allongées, dentelées finement et inégalement.

Le bouton est rond, peu recouvert.

Le calice est petit, allongé, resserré par le haut.

Les fleurs, peut-être les plus grandes de l'espèce, sont bien doubles, les pétales larges, couleur de lie de vin peu foncée. Elle s'épanouit vers la fin de Juin : elle n'a presque pas d'odeur.

Au moment de l'épanouissement elle présente la forme d'un choux pommé plat, caractère qui lui est particulier.

GALLICA ALBA.

A cette même époque on peut jouir encore d'une espèce nommée *Gallica alba*, ou plutôt *rosea*; car sa fleur n'est point blanche, mais rosée. Elle est bien double, d'une odeur douce et agréable.

Le bois est aussi vert, armé de nombreux aiguillons minces et droits.

Les feuilles sont pointues, de moyenne grandeur, finement dentelées.

Le calice est ovale, étranglé du haut.

Le bouton est allongé, recouvert des membranes du calice.

Cette espèce n'est pas sans mérite.

FRANCFORT.

Le Rosier de Francfort fleurit encore à la même époque de fin de Juin.

Le bois est vert et prend une teinte de rouge du côté du soleil ; il est lisse, luisant, peu épineux.

Les feuilles sont ovales, terminées en pointe, dentelées très-profondément.

Le calice très-gros est parsemé de poils bruns.

Le bouton, peu recouvert des membranes du calice qui sont larges, étoffées, est également très-gros.

La fleur est grande, pas très-double, couleur de cerise ou lie de vin claire ; les pétales en sont larges, étoffés : elle est très odorante.

Les Agathes peuvent figurer après ces variétés ; elles sont assez nombreuses, sur-tout si l'on veut y classer celles qui ont des ressemblances pour le port, le bois, les feuilles et les fleurs.

AGATHE ROYALE.

Les branches en sont minces, rapprochées, forment une belle tête, quand ce Rosier est greffé sur églantier.

Il n'y a rien de frappant dans le feuilles qui sont assez jolies, ni dans les aiguillons.

La fleur peut être mise au nombre des belles, pour ses formes et ses couleurs; elle est bien double, d'un beau rouge cerise clair. Il court sur les bords des pétales extérieurs des nuances blanches qui font un bon effet.

AGATHE PROLIFÈRE.

L'arbrisseau a la forme et la tournure du précédent.

La fleur est de moyenne grandeur, bien faite, jolie, d'un rose très-tendre; les pétales en coquilles. Du milieu il sort habituellement une autre fleur, et de cette seconde une troisième; je les ai vu s'épanouir successivement; elles sont portées par un pétiole qui généralement est plat et souvent garni de folioles minces, longues, rangées par étages.

D'autres fois il sort jusqu'à quatre et cinq boutons du milieu de la fleur principale; cette monstruosité est subordonnée à la force et vigueur du sujet sur lequel l'espèce est greffée.

Ce Rosier se cultive avec succès sur églantier, il y prend une belle forme, et se soutient; j'en ai un qui existe depuis sept à huit ans, et qui augmente en vigueur tous les ans.

AGATHE CARNÉE,

GRANDE ESPÈCE.

Ce Rosier a tous les caractères, pour le bois, le feuillage, le calice et le bouton, des deux précédens; mais la fleur en diffère en ce qu'elle est plus grande, point prolifère, et d'un rose plus tendre.

REDUM DENTEA MAJOR,

PALE.

Cette variété a le bois, le feuillage et la tournure des Agathes; mais la couleur en est moins foncée et moins vive. La fleur est très-double et très-odorante.

Elle peut être placée dans la même classe, pour l'agrément: c'est mal-à-propos qu'elle a été qualifiée de *Major*.

BEAUTÉ SUPERBE.

Bois et feuilles d'un vert jaunâtre.

Calice très-petit, bouton pointu, recouvert des membranes du premier.

Fleur de la forme des Agathes, de deux pouces de diamètre, bien double, d'un beau rose clair, brillant, d'une odeur douce : c'est une des jolies de la classe.

IRIS NOVA,

EXTRA-AGATHE.

Bois recouvert de petits aiguillons bruns.

Feuilles petites, déliées, dentelées inégalement.

Calice petit et rond, ses membranes recouvrent et couronnent le bouton gros et rond.

Fleur de deux pouces de diamètre, très-double, de la forme des Agathes, d'un rouge tendre, nuancé d'un peu de blanc ; pétales frisés: elle a une odeur douce et agréable.

MAXIMUM,

GRAND ET POURPRE.

Bois fort et vigoureux.

Feuilles presque rondes, d'un beau vert.

Calice rond et glabre ; bouton de même forme.

Fleur extrêmement double, mêmes grandeur et forme que l'Agathe Royale, d'un rouge pourpre, d'une odeur douce ; les pétales en sont très-frisés, serrés et échancrés.

On ne voit pas pourquoi on lui a donné le nom de *Maximum* et Grand, si ce n'est pour la vigueur de ses pousses.

FEUNON ROUGE,

AGATHÉ.

Bois délicat et mince, feuilles ovales, bien dentelées, pointues.

Calice et bouton allongés.

Fleur de la grandeur et couleur de la Bordeaux, mais plus aplatie, très-double, d'une odeur douce, fleurissant au 15 de Juin : elle mérite d'être cultivée.

FRANCFORT,

AGATHÉ.

Cette Rose est fort originale, et je présume qu'elle est la même qu'une varitété qui m'a été donnée sous le nom de Bizarre, avec laquelle je n'ai pu la comparer, parce que le pied de cette dernière est péri l'hiver dernier.

Le bois ni les feuilles n'ont rien de remarquable.

Les membranes du calice rond et glabre, couronnent et accompagnent le bouton qui est plat et gros.

La fleur, très-double, a trois pouces de diamètre, de couleur rose pâle, mélangé de blanc ; pétales frisés et chiffonnés : elle est odorante et long-temps à s'épanouir entièrement : elle peut être placée dans les singulières de l'espèce.

IMPÉRIALE A PLUMET.

Nouvelle espèce, ou variété, tirée d'Hollande, qui n'a point encore paru dans le commerce.

Elle a le bois et le feuillage des Agathes, d'un beau vert.

Calice et bouton ronds : ce dernier aplati ainsi que celui des Agathes.

La fleur, d'un pouce et demi à deux pouces de diamètre , est bien double , d'une belle forme , d'un joli rose tendre ; elle est dépassée , entourée et couronnée des membranes du calice bien découpées, finement dentelées. Les découpures environnentetcouronnentle bouton et la fleur comme de petites plumes, elles surpassent la dernière de quatre à cinq lignes, et lui font un accompagnement agréable. C'est sans doute ce caractère singulier et rare qui l'a fait surnommer à Plumet ; elle est d'une odeur douce : quoique bien double, il reste à cette fleur quelques étamines, lesquelles mélangées avec les pétales, lui donnent de la légèreté et de l'élégance : c'est sans contredit une des jolies du genre.

Elle s'épanouit du 10 au 15 de Juin.

HENRIETTE,

GRANDE AGATHÉE.

Le bois, les feuilles, le calice et le bouton ont également tous les caractères des Agathes; ces derniers sont rassemblés au nombre de sept à huit sur le même pétiole, et forment un bouquet en corymbe, ou ombelle ; mais la fleur diffère beaucoup de celle des Agathes en ce qu'elle est au moins aussi grande qu'une Cent Feuilles, un peu aplatie, d'un beau rouge cerise. Cette Rose a du mérite, déjà par la forme et l'aspect de ses boutons et fleurs, et encore par la raison qu'elle est tardive, et ne s'épanouit que vers la fin de Juin ou au commencement de Juillet.

L'arbrisseau, greffé sur églantier, forme une très-belle tête, forte, très-arrondie; il présente un coup-d'œil frappant et agréable; il mérite sans contredit les soins de l'amateur de Roses, et peut être classé parmi les belles espèces, ou variétés.

Je n'ai rien dit des Rosiers blancs ordinaires qui sont trop connus pour être décrits en particulier. Il y en a plusieurs variétés; j'en possède trois, une semi-double, une bien double, toute blanche, et la troisième également double, d'un blanc rose: cette dernière n'est pas sans agrément, c'est la plus recherchée.

Je terminerai cette description par celle des Rosiers musqués et de la Chine, qui ne donnent ordinairement leurs fleurs qu'à l'automne, et qui font la clôture de la scène des Roses du Théâtre de Flore.

ROSIER DE LA CHINE,

A FEUILLES LONGUES.

Ce Rosier m'a encore été donné sous le nom de *Semper Virens*, qui lui convient en effet

*

davantage. Voici ce qu'en dit M. De Launay, dans l'*Almanach du bon Jardinier*, année 1810: « Nous citons cette espèce de Rosier naturel à « l'Allemagne, parce qu'ayant le privilége de « garder ses feuilles toute l'année, il garnit d'une « manière agréable le treillage sur lequel on « l'appuie ; ses fleurs petites, mais blanches et « finement musquées, contrastent agréablement « avec le beau vert luisant de ses feuilles. Il est « originaire d'Italie, et demande l'orangerie « pour l'hiver. »

Je présume néanmoins, même d'après la description de Monsieur De Launay, que ce Rosier gagnera la pleine terre, sur-tout greffé sur églantier, ainsi que l'espèce suivante.

ROSIER DU LORD MARCARTHENEY,

ROSA BRACTEATA.

Le bois en est vert, armé d'aiguillons géminés, larges à leur base et couleur de rose.

Les feuilles, presque rondes, au nombre, de huit à neuf sur le même pétiole, sont d'un beau vert luisant.

Les fleurs en sont blanches, odorantes.

On cultive ce Rosier en orangerie ; cependant, greffé sur églantier, il a passé, dans mon jardin, l'hiver dernier en pleine terre, sans aucun abri ni couverture. Elles ont un caractère distinctif qui n'appartient qu'à elles c'est d'être accompagnées de bractées, ou feuilles florales.

C'est une très-jolie espèce qui mérite les soins de l'amateur, soit comme arbuste d'orangerie, soit comme arbuste de pleine terre.

MUSQUÉ,

A FLEURS SEMI-DOUBLES.

Ce dernier, très-connu, pousse vigoureusement, donne une énorme quantité de fleurs en forme de thyrse, d'un blanc sale ou jaunâtre, mais d'un parfum délicieux.

Il nous prodigue ses fleurs jusqu'aux gelées, et on les voit et cueille toujours avec un plaisir nouveau.

MUSQUÉ,

A FLEURS DOUBLES.

Ce dernier pousse moins vigoureusement que le premier; les branches et bourgeons en sont plus rapprochés, il donne une moins grande quantité de fleurs, mais elles sont aussi doubles que c'elles du Rosier à Cent Feuilles. Elles sont plus précoces à la floraison que les semi-doubles.

Ces deux espèces peuvent passer l'hiver en pleine terre; mais il faut avoir la précaution de les empailler et butter avec du terreau, ou de la terre meuble et légère.

Ils peuvent tous deux se greffer sur églantier, ils y forment de belles têtes, sur-tout celui à fleurs doubles. Ils se marient si l'on veut sur le même pied avec le Bengale rose, ce qui fait un bon effet.

Tous deux greffés sur églantiers résistent mieux au froid et à la gelée, que francs de pieds, apparemment parce qu'ils ont plus de vigueur, ou qu'ils sont plus élevés au-dessus du niveau de la terre.

J'en ai plusieurs qui ont déjà passé quelques hivers sans couverture et sans être endommagés; il y a plus, c'est qu'ils ont beaucoup mieux résisté au froid que ceux qui, également greffés sur églantier, avaient été empaillés avec soin.

Il en existe une variété à fleurs roses qui est très-difficile à multiplier, et que je n'ai pu encore me procurer.

Je viens d'en recevoir une nouvelle espèce qui doit être précieuse, d'après l'annonce que l'on m'en fait, et si l'on en peut juger par le prix que l'on m'a fait payer deux individus haut de cinq à six pouces, c'est la Multiflore.

MULTIFLORE.

On prétend que cette espèce donne une multitude de fleurs qui, réunies sur le même pétiole, y forment une boule semblable à celles de l'*Hortensia* et de la boule de neige.

On me l'a annoncée comme étant d'orangerie; mais néanmoins avec l'espoir de la faire passer en pleine terre.

On prétend qu'elle y poussera vigoureusement et couvrira des berceaux.

Son bois, quoique mince et délié, s'annonce comme devant être sarmenteux, ou très-allongé; il est vert, ses jeunes pousses ont une teinte rose, il est armé d'aiguillons de la même couleur.

Ses feuilles, au nombre de cinq à sept sur le même pétiole, sont ovales, dentelées régulièrement et bordées de rose.

Ce Rosier s'annonce sous des rapports très-favorables, et paraît devoir faire une acquisition précieuse.

J'en attends une collection de nouvelles espèces, dont la description sera faite dans le Supplément que je me propose de donner par la suite, à mesure que je ferai des découvertes et acquisitions dans ce genre. J'espère parvenir à sortir du labyrinte de sa nomenclature.

A la suite de cette description détaillée d[illegible] Rosiers, je vais me permettre encore quelques réflexions sur leur culture et sur les agrémens qu'on y trouve.

Leur port, leurs branches et leur feuillage sont aussi variés que les nuances des couleurs.

Quelques-uns poussent avec une vigueur étonnante, et peuvent s'élever, francs de pied, en tiges, tels que les Blancs, les Sans Pareilles, les Ornemens de Parades, les Sans Épines de la Chine, etc.

D'autres poussent quelques branches fortes sur lesquelles il en naît d'autres plus minces, qui se chargent de fleurs et retombent en guirlandes, tels sont les *Bicolor*, les *Lucida*.

D'autres enfin forment des buissons bien arrondis tels que les Provins et les nombreuses variétés de brunes.

Quelques-uns se font remarquer par la grandeur et la forme extraordinaire de leur feuillage, tels entr'autres les *Centifolia bullata*; d'autres par leur forme particulière et originale, telles que les Bipennées, les Feuilles de Chanvre les *Subrotondi folia crenata*; d'autres enfin par la couleur de ce même feuillage, tels que les Glauques, les *Lucida*, etc.

Quelques fleurs sont plus agréables à demi épanouies que lorsqu'elles sont entièrement ouvertes, telles sont les Bengales.

D'autres sont également belles en boutons, e[illegible] totalement ouvertes, telles que les Cent Feuilles

les Mousseuses, les *Damascena* et les Carnées; d'autres enfin, pour nous frapper, veulent être totalement développées, telles que la Jaune double, l'Unique, la Mahœca, ainsi que toutes les Brunes, les Veloutées, les Pourprées et Cramoisies.

Quelques personnes pourront, au premier coup-d'œil, n'apercevoir aucune différence dans nombre de variétés, et imaginer qu'elles sont les mêmes sous des noms différens, surtout dans la classe des couleurs foncées; mais avant de porter un jugement définitif, je leur observe que souvent on ne peut les distinguer que par le rapprochement du bois, des feuilles et des fleurs; et alors leur comparaison y fera apercevoir des caractères frappans et distinctifs que l'on n'avait pas vus au premier coup-d'œil.

Pour juger aussi du mérite et de la beauté d'une Rose, il faut attendre la deuxième ou la troisième année de la plantation de l'arbrisseau.

Rarement lors de la pousse de la première année cette belle fleur se développe assez pour pouvoir l'apprécier.

La force et la vigueur du sujet, pour ceux qui sont greffés, influent aussi essentiellement sur le caractère des fleurs; c'est sans contredit le genre le plus parfait et le plus varié que la nature nous a prodigué, et, je le répète, il est bien étonnant que cette superbe production n'ait pas eu plus d'amateurs qu'elle n'en a eu jusqu'à présent, sur-tout quand on envisage combien sa culture est facile.

C'est sans doute cette facilité qui a, en quelque sorte, fait dédaigner de lui prodiguer les soins qu'elle mérite; néanmoins un amateur éclairé qui a du goût, peut y faire briller son talent plus que dans la culture d'aucune autre fleur, par la variété des formes dans le genre et l'arrangement des plantations, et par le mélange des couleurs.

Peut-on voir quelque chose de plus magnifique dans les fleurs qu'un massif de Rosiers, quelque soit sa forme, régulière ou irrégulière, circulaire ou en demi-lune, ovale ou carrée, planté en emphithéâtre dont les couleurs sont placées et mariées avec goût et discernement?

On peut le faire de plusieurs manières, soit en faisant passer l'œil de bas en haut, de la couleur la plus tendre à la plus foncée, soit, au contraire, en plaçant ces dernières à côté des premières, et former par ce mélange des contrastes frappans qui feront ressortir les différentes nuances des fleurs.

Avec des Rosiers à tiges élevées on peut se procurer des allées couvertes, des berceaux, des tonnelles, de petites salles; et en y entremêlant graduellement des tiges plus basses, on leur donnera la forme de guirlandes ou festons, et à l'ombre de ces tiges élevées on pourra contempler la richesse des couleurs et respirer le parfum délicieux des moins élevées. Il est même bon d'ob-

server

server que les espèces les plus précieuses à raison de l'élégance et de la beauté des formes, de la fraîcheur des couleurs et de la suavité du parfum, réussissent mieux greffées sur des églantiers de deux et trois pieds de haut, que sur ceux de quatre, cinq et six. Il semble qu'elles veuillent se rapprocher des sens qu'elles doivent flatter.

Les espèces grandes et vigoureuses qui nous charment et nous séduisent au premier coup-d'œil, mais qui ne méritent et ne fixent pas autant notre attention, prospèrent au contraire davantage sur des tiges élevées.

La nature nous marque ainsi la place que chacune d'elles doit occuper dans nos jardins et nos bosquets. Nous ne pouvons mieux faire que de suivre l'indication qu'elle nous donne.

Une autre attention qu'elle semble avoir eu, c'est de nous prodiguer cette riche production dans l'intervalle qui se trouve entre les fleurs du printemps et celles de l'automne; elle ne pouvait mieux remplir ce passage; c'est un motif de plus pour les cultiver; nous lui devons rendre grâce de cette faveur.

On pourra se procurer cet Almanach et la collection de Rosiers annoncée, à la pépinière de Méry-sur-Seine, département de l'Aube, en adressant les demandes à M. T. Guerrapain, Propriétaire de cette pépinière;

Au dépôt de cette pépinière établi à Troyes

faubourg de Preize, en s'adressant à GENDRÉ, Jardinier en chef;

A Paris, chez M. TOLLARD aîné, Marchand Grainetier-Botaniste-Pépiniériste, place des Trois Maries, au bas du Pont-Neuf;

Chez M. STEIN, aussi Marchand Grainetier-Botaniste-Pépiniériste, quai de la Mégisserie, au Griffon;

Chez M. GRANDIDIER, également Marchand Grainetier-Botaniste-Pépiniériste, quai de la Mégisserie, au Coq Hardi;

A Metz, chez M. Jean-Baptiste-Louis SIMON, Marchand Pépiniériste, rue de la Grande Armée;

Chez Jean SIMON, aussi Marchand Pépiniériste, rue de la Pierre Hardie;

Au Dépôt de la Pépinière de Buzanval, rue d'Angoulême, N.° 12, faubourg Saint-Honoré;

Et chez

Chez

ROSE FELICITÉ. *

EXTRAIT de la Feuille du Journal Politique de Commerce et Littérature, du 25 Octobre 1811.

Les amateurs de fleurs connaissent déjà tout ce que l'art de M. Dupont, fleuriste, rue Fontaine-au-Roi, N.o 8, faubourg du Temple, a fait produire de variétés au Rosier. C'est un enchanteur qui soumet la Rose à sa baguette magique, et la force à subir les plus surprenantes et les plus agréables métamorphoses. Cette année il a tenté encore en ce genre de nouvelles expériences et en a obtenu de précieux résultats; il a, entre autres, une variété de Rose nommée Félicité, qui est une véritable merveille de la famille des Bifères. Allez voir M. Dupont, vous que Paris a accoutumé à rechercher les richesses que l'art peut ajouter à la nature.

---

* Ne connaissant pas la fleur de la Rose Félicité, j'ai cru devoir insérer cette note mise au Journal indiqué au moment de l'impression de l'Ouvrage, ainsi que la lettre qui est d'autre part, sur un arbrisseau d'une culture aussi facile que celle des Rosiers; il est intéressant d'en faire connaître les propriétés salutaires aux personnes qui habitent la campagne.

EXTRAIT de la Feuille Economique, ou Courier Universel, des Jeudi et Vendredi 10 *et* 11 *Janvier* 1811,

Au Rédacteur.

MONSIEUR,

Dans le moment où nous cherchons tous les moyens de nous passer des productions que nous tirons des îles, et à nous affranchir des grands tributs que nous payons à l'étranger, je crois devoir vous indiquer une plante ou arbrisseau qui en vient originairement, et qui est maintenant acclimatée en France; elle peut même en remplacer plusieurs par ses propriétés salutaires et bienfaisante, c'est la Verveine à odeur de citron, nommée par les botanistes *Verbena Triphilla*, *Verbena Citriodara*, vulgairement par les jardiniers fleuristes de la Capitale, Verveine du Canada.

Elle mérite, sous le rapport de l'agrément, les soins des amateurs de plantes étrangères : sa culture est facile, elle est indiquée par Dumont de Courset, et dans l'Almanach du bon Jardinier, rédigé par De Launay. On peut la conserver sans serre dans un appartement, ou autre endroit où il ne gèle pas à plus de trois ou quatre degrés.

Quant à ses propriétés, voici celles que je lui ai reconnues, c'est de prévenir les rhumes, fluxions de poitrine et maux de gorge occasionnés par des refroidissemens : elle se prend en infusion comme le thé.

Souvent on arrive de campagne en hiver, mouillé, refroidi, avec disposition à avoir de gros rhumes, maux de gorge et quelquefois fluxion de poitrine; pour prévenir tous ces accidens, il faut après avoir mangé sobrement, et mieux encore sans avoir l'estomac chargé, prendre une forte tasse d'infusion de Vervcine du Canada, bien édulcorée avec sucre, et, à défaut de sucre, avec sirop de miel, le soir en se mettant au lit, l'avaler le plus chaud qu'il est possible : cette potion, agréable à prendre, rétablit la transpiration arrêtée, excite une légère sueur, et on se trouve le matin dans un état de santé qui fait plaisir, la bouche fraîche, et totalement délassé des fatigues de la veille.

Quand même le rhume est déclaré avec mal de gorge, s'il n'y pas trop de chaleur, on peut prendre la même infusion dans le cours de la journée, et le soir. Elle produit également des effets très-salutaires, notamment celui de faire expectorer.

Je l'ai indiquée et j'en ai procuré des fleurs, feuilles et bois, car toutes ses parties produisent les mêmes effets, à plusieurs officiers de santé qui en ont fait usage dans les cas indiqués, et dans tous ceux où ils emploient le *Poligata* de Virginie, autre plante très-coûteuse, sur-tout dans le moment présent; tous ont été satisfaits de ses effets salutaires, et la préfèrent maintenant au *Poligata*. L'un d'eux m'a assuré avoir fait, avec la Verveine, une cure ou guérison étonnante et presque miraculeuse; ce qu'il y a de très-certain, c'est que j'en fais usage depuis huit à dix ans, dans un pays humide, exposé à des brouillards qui m'occasionnaient des rhumes fréquens, et que depuis cette époque j'en ai très-rarement; et que, pour les faire passer, ainsi que les maux de gorge, quand j'en suis surpris, je n'emploie pas d'autres moyens qu'une infusion de la Verveine que je vous indique. Cette plante peut encore être utile à la ménagère de campagne pour parfumer ses crêmes et confitures, telles que gelée de pomme.

On peut l'employer avec du lait, le matin, pour remplacer le thé et le café; enfin on peut en faire une espèce de punch avec sucre ou sirop de miel, qui n'est pas sans agrémens, et qui se prend chaud, en jettant, pour une bouteille d'infusion de cette plante, environ un verre de bonne eau de vie.

Je crois que cette boisson facilite la digestion.

J'emploie encore cette plante en guise de thé dans les digestions pénibles et laborieuses, et je pense qu'elle produit le même effet.

Habitant de la campagne, où quelquefois on sa laisse manquer, par oubli de provisions que l'on ne peut se procurer que dans les villes, je tâche de profiter des conseils d'Olivier-de-Serres, patriarche de l'agriculture, en suppléant par le crû de la maison à ce qui peut y manquer. Je suis presque parvenu à remplacer le sucre par le sirop de miel, au moins dans bien des circonstances.

Je terminerai ma lettre par vous indiquer la manière dont je le fais, elle est à portée de tout le monde.

Je fais fondre dans une bassine mon miel avec un peu d'eau, quand il a bien bouilli, qu'il est bien écumé, je jette dans la bassine soit deux ou trois morceaux de fer bien rouge, soit deux ou trois gros charbons bien enflammés, et, quelques minutes avant de retirer ma bassine de dessus le feu, j'y verse environ une cuillerée à bouche de bonne eau de vie par bouteille de sirop.

J'emploie ou fais employer ce dernier pour crêmes, confitures et ratafias; j'en fais usage pour le café, sur-tout au lait, et souvent des gens qui se disent connaisseurs, et ayant répugnance pour tout ce qui s'appelle miel, ont trouvé fort bon ce qui leur était servi avec cette production de la campagne.

Je fais usage depuis long-temps de la Verveine ; les Officiers de santé du canton que j'habite, l'emploient et en ont obtenu des cures étonnantes: ces faits sont de la plus exacte vérité.

Il est encore un autre moyen de clarifier le miel, c'est de le faire bouillir au bain-marie, de l'écumer: cette opération lui ôte son âcreté, le transforme en un sirop limpide que l'on peut mettre dans des bouteilles de verre que l'on tient bouchées. Il se conserve mieux sous cette forme, n'est point sujet à fermentation, et gagne beaucoup.

OBSERVATIONS

SUR LA CULTURE DE L'ORME.

LA Notice qui vient d'être donnée au Public étant principalement destinée à tomber entre les mains de Messieurs les Propriétaire qui habitent la campagne une partie de la belle saison, et qui ont ordinairement le goût des plantations, j'ai présumé qu'ils pourraient lire avec quelque intérêt de courtes observations sur cette partie de l'Agriculture.

C'est à la campagne sur-tout qu'il faut savoir joindre l'utile à l'agréable.

Après avoir traité la culture des Rosiers, qui paraissait négligée, j'ai cru ne pouvoir rien faire de mieux que de recommander à Messieurs les Propriétaires, celle des Ormes, que l'on semble également négliger, pour se livrer presque exclusivement à celle des Peupliers.

Nous sommes dans un siècle où l'on veut jouir promptement, sans prévoir beaucoup l'avenir. Par suite de ce goût dominant, on plante des Peupliers, on ne rencontre que des Plantations et Pépinières de ce genre de bois.

On ne fait pas réflexion que l'immense quantité qu'on en plante en fait annuellement diminuer la valeur, par la raison que cette essence de bois est presque de la moindre qualité de tous ceux que l'on cultive.

Il en est cependant deux espèces qui méritent quelque prédilection, tant par leur crue rapide que par la qualité supérieure de leur bois, ce sont, la première vulgairement connue sous les noms de Blanc d'Hollande, de Grisaille, d'Ypréau, de Peuplier blanc à feuilles argentées. Il y en a plusieurs variétés plus ou moins avantageuses, sans y comprendre néanmoins le Tremble, qui en est une particulière, à la culture de laquelle il ne faut pas s'attacher.

La seconde est connue sous les différentes dénominations de Peuplier Noir, de Peuplier Suisse, et même de Canada dans certains pays, mais mal-à-propos, car le Peuplier de Canada est d'une autre espèce.

Ce Peuplier Suisse peut se planter en plançons, comme le Peuplier de France. Dans cette manière de le planter on trouve économie de temps, parce qu'il n'est pas nécessaire de faire de grands trous; économie dans les frais de transport, parce que l'on peut charger sur une voiture six cents plançons, tandis qu'on y ferait tenir avec peine trois cents forts plants enracinés.

On y trouve aussi économie de plus de moitié dans les frais d'acquisition ; enfin on ne craint pas la gelée, lors du transport, comme pour les plants enracinés.

J'ajouterai à tous ces avantages que sa crue est plus prompte, planté de cette manière, que planté avec racines.

Je pourrais citer nombre de Propriétaires qui, sur mes avis, ont adopté cette méthode, et qui en sont parfaitement contens.

Je reviens à l'Orme auquel on fait le reproche de croître lentement ; mais on n'observe pas que sa valeur, à grosseur égale, est au moins double de celle des Peupliers ; qu'il est propre à une infinité d'usage, ou de constructions dans lesquelles on ne peut employer d'autres bois, notamment dans le châronnage ; qu'on l'occupe même avec succès dans la marquetterie.

Sa crue, à la vérité, n'est pas très-rapide les premières années de sa plantation ; mais une fois qu'il a pris ce qu'on appelle en agriculture le goût du terrein, il se développe avec une rapidité souvent étonnante ; il n'est pas sans exemple de l'avoir vu surpasser des Peupliers plantés dans le même temps.

Il s'accommode presque de tous les terreins; on ne peut même se dissimuler que c'est l'essence d'arbres qui prospère le mieux sur les grandes routes.

J'ose avancer qu'il réunit tous les avantages tant vantés de l'Acacia blanc, sans en avoir les inconvéniens.

Il peut exister des siècles sans dépérir : n'en voyons-nous pas encore sur quelques places publiques qui ont été plantés sous Henri IV; ce sont des monumens vivans de ce règne glorieux, qui rappellent le souvenir d'un ministre dont la réputation sera éternelle, ainsi que celle de son souverain; car on appelle les beaux arbres qui nous restent de ce siècle, des Rosny.

Les Agriculteurs qui réfléchissent et ne se laissent pas entraîner par le torrent du jour, reviendront à cet arbre; ils sentiront qu'en se livrant à sa plantation, ils forceront leur arrières petits-enfans à ne pas les oublier; ce qui n'est pas une des moindres jouissances du rapide voyage que nous faisons dans ce monde.

Je dirai encore, en faveur de l'Orme qu'un bois planté en masse est un trésor inépuisable sur lequel, à un certain âge, il y a toujours à prendre sans y rien remettre; car il ne faut qu'une qu'une racine médiocre placée à fleur de terre, pour, en peu de temps, donner un arbre d'une certaine grosseur.

Il se multiplie encore de lui-même par ses semences qui, quand elles trouvent un terrein qui leur est favorable, levent comme du chanvre, et croissent avec une rapidité surprenante.

J'ajouterai que l'Orme vient très-serré, et que ses tiges, raprochées les unes des autres, filent à une hauteur étonnante dans les terreins qui leur conviennent, et sans être sujettes à se courber.

Un terrein de vingt pieds carrés, qui souvent suffit à peine pour nourrir un Chêne ou un Peuplier de France, nourrira souvent huit à dix Ormes forts et vigoureux, sur lequel ils prendront une grande croissance.

Ces courtes réflexions pourraient être plus développées ; mais elles suffiront pour déterminer l'habitant de la campagne qui aura le bonheur d'avoir le goût des plantations, à se liver à celle de l'Orme.

N. B. *Il en existe un grand nombre de variétés ; on ne s'est pas attaché à les distinguer, et à les classer comme celles des Frênes. Je me livrerais à ce travail si j'étais moins âgé ; je fais de vœux pour que quelque jeune Agriculteur l'entreprenne ; je ne doute pas qu'il ne soit accueilli dans un moment où l'on se fait honneur de se livrer à tous les genres de culture.*

TABLE

Des Rosiers et de leurs différentes dénominations, contenus dans cet Almanach.

*

		f.	c.
U.			
Unique carnée,	75.		
Unique rose,	76.		
V.			
Velours pourpre,	80.		
Victorine la couronnée,	75.		
Violet agréable, pâle sur les bords, et rouge feu au milieu,	28.		
Violette et rouge,	91.		

Les prix ci-dessus cotés sont pour les tiges de deux à trois pieds. Il en est de plus fortes et de plus élevées dont les prix sont en proportion.

Dans le fait, il est des tiges qui sont d'une hauteur et grosseur qu'il est difficile de rencontrer, qu'on ne peut faire chercher et ramasser dans les forêts qu'avec beaucoup de dépense, et qui sont inappréciables à raison de leur rareté.

OBJETS NOUVEAUX

Qui se trouvent à la Pépinière de Méry-sur-Seine, Département de l'Aube, qui ne sont point encore dans le commerce des arbres.

POMME-ORANGE, tirée du jardin du Roi de Prusse.

Orme à très-grandes feuilles panachées.

Lauriers-Roses à fleurs simples panachées.

Dalhia à fleurs blanches.

On trouvera aussi chez GOBELET, Imprimeur-Libraire à Troyes, une Notice sur la culture du Sophora, du Platane et de l'Aune, donnée au Public par ledit GUERRAPAIN,

Ainsi que le Manuel du propriétaire d'Abeilles, contenant les préceptes sur l'art de multiplier, gouverner ces insectes, et sur celui de manipuler leurs productions, par M. LOMBARD.

FIN.

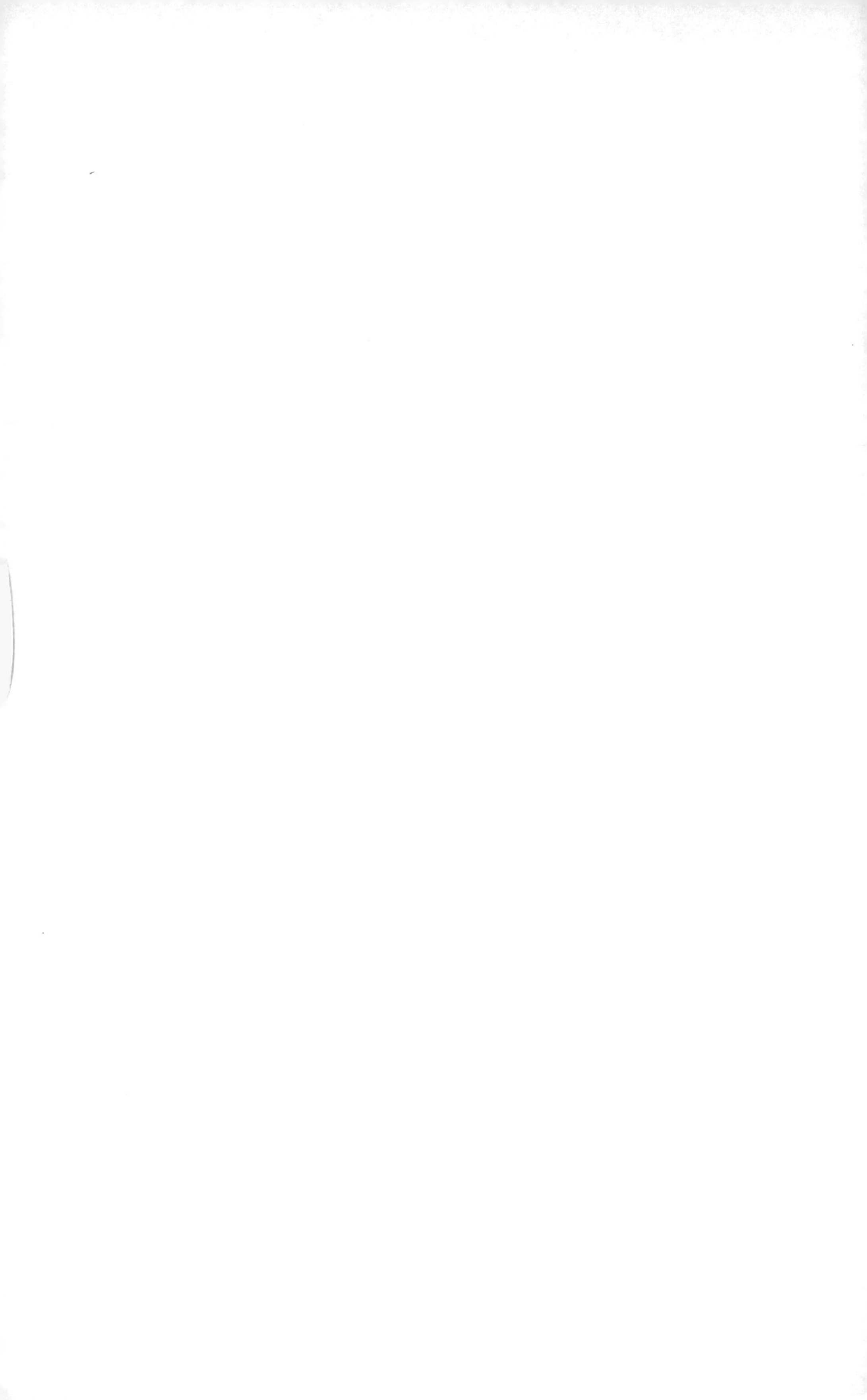

www.ingramcontent.com/pod-product-compliance
Ingram Content Group UK Ltd.
Pitfield, Milton Keynes, MK11 3LW, UK
UKHW020310180726
13839UKWH00001B/427

9 782329 334165